河北省社会科学基金项目

河北省特色农业产业
发展研究

刘丽　董海荣　张鹏辉　齐静　等　著

中国农业出版社
北京

图书在版编目（CIP）数据

河北省特色农业产业发展研究 / 刘丽等著. —北京：
中国农业出版社，2021.12
ISBN 978-7-109-29000-6

Ⅰ.①河…　Ⅱ.①刘…　Ⅲ.①特色农业－农业发展－
研究－河北　Ⅳ.①F327.22

中国版本图书馆 CIP 数据核字（2022）第 001388 号

中国农业出版社出版

地址：北京市朝阳区麦子店街 18 号楼
邮编：100125
责任编辑：闫保荣　　文字编辑：司雪飞
版式设计：王　晨　　责任校对：吴丽婷
印刷：北京通州皇家印刷厂
版次：2021 年 12 月第 1 版
印次：2021 年 12 月北京第 1 次印刷
发行：新华书店北京发行所
开本：700mm×1000mm　1/16
印张：14
字数：250 千字
定价：58.00 元

著 者 名 单

刘　丽　董海荣　张鹏辉
齐　静　张冬燕　张菀麟

前 言 FOREWORD ////////////

　　乡村振兴战略的提出是党的十九大报告的亮点之一，是继社会主义新农村建设之后解决三农问题的又一重大战略。乡村振兴战略的提出符合时代发展要求，是新时代中国农业农村现代化建设的动力源泉。不充分、不平衡发展的矛盾在中国乡村体现的最为突出，破解城乡二元发展格局关键在解决农业、农村、农民问题。乡村振兴战略是以习近平同志为核心的党中央在科学研判、认真决策部署之后，提出的解决国计民生根本问题的新思想、新战略、新尝试。乡村振兴战略的实施有利于保护乡村生态环境、促进乡风文明建设、改善乡村治理效果、加快农民职业转变、促进产业进一步发展、加速农业产业现代化进程，使人们过上富裕的生活。我国基本国情决定了乡村振兴必须依靠发展特色农业，我国农业农村现代化必须走发展特色农业这条道路。中国社会主义伟大事业是否能够成功关键要看三农问题能否解决好，发展特色农业符合我国现阶段客观实际需要，发展规模型、专业型特色农业符合时代发展潮流。我国的自然环境等客观现实因素决定了我国农业的特色化和差异化，这为发展特色产业提供了得天独厚的优势，发展特色产业所创造的经济效益为乡村振兴战略的实施提供了充足的物质基础。乡村振兴需要人才储备，从事特色农业的人员正是人才储备的后备力量，乡村振兴需要先进的经营理念，特色农业的发展为先进理念的形成提供了实践经验，除此之外，特色农业的发展也为乡村精神空间的拓展奠定了基础。

　　全国各地农业发展水平参差不齐，城乡发展不平衡仍然存在，大力发展特色产业是解决发展不平衡、不充分问题的关键所在。农民脱贫致富、发展现代农业、建设美丽乡村需要打造特色农业产业，农民对未来美好生活愿望的逐步实现需要依靠对特色农业产业的升级改造。同时，以市场需求为导向发展特色产业，有利于高效配置农业资源，避免资源浪费，最大限度地发挥供给侧改革的优势。我国农业发展理论根植于中国特色社会主义理论，它的必然要求是要探索适合我国特点的农业发展道路。我国农业发展要适合国情，传承中国历史传统农业优势，在具有鲜明的时代气息的同时要走具有中国特色的农业发展道路。

河北作为农业大省，走特色农业发展之路将为建成美丽、和谐、富裕河北打下坚实的物质基础，是河北省发展的又一重大跨越。实现农民脱贫致富、乡村风清气正、自然环境优美，是河北省发展特色农业产业的目标。根据省内不同地区的特点，发展具有区域特色农业产业并使之形成规模、形成体系，让河北特色农业产业走向省外，走向全国，甚至走向世界。2020年我国已实现全面脱贫目标，未来，要继续立足于接续乡村振兴这一战略目标，促进特色农业的进一步发展，以在巩固脱贫攻坚成果的同时，充分利用特色农业产业发展促进脱贫攻坚与乡村振兴的有效衔接，同时也进一步提高河北特色农业的竞争力，促进农业现代化进程。

本文以河北省为研究地域，从产业分布、发展现状、存在的问题等视角对河北省特色农业产业协调发展问题展开深入研究，通过对相关概念进行辨析、系统梳理国内外相关研究成果，在此基础上，以管理学、经济学等相关学科的理论为基础，构建了特色农业产业协调发展理论研究的基本框架。以河北省特色农业产业发展系列问题为研究内容，选取杂粮、中药材、蔬菜、水果等特色种植业作为具体分析对象，从产业发展现状、存在问题及对策展开具体阐述，从特色自然资源发展模式、农业产业化经营模式、协同创新开发模式和打造地理标志产品区域品牌发展模式等角度进一步地提出了促进河北省特色农业产业协调发展的对策建议，以期对河北省特色农业产业的提质增效及可持续发展提供一定的参考。

目 录 CONTENTS ////////////////

1 | 绪　　论

1.1　概念辨析

1.1.1　特色产业与基础产业

特色产业是根据不同的地理位置，依据各地不同的政治经济条件，以不同地区特色技术水平为依托，利用地区特色资源，发展区域独具特色的产品，以满足大众需求为目标，形成有地方特色的产业组织形式。特色产业与基础产业不同的是，其更能满足广泛顾客群体的需求，能够更好地促进地域内经济的增长，能够充分利用特色产业带动与其相关产业的发展，促进产业集聚效应的形成，从而促进区域内经济的不断发展。特色产业为各地经济增长提供了新的机遇，也是各地经济发展过程中的一条重要的发展途径。特色产业的发展有利于地区特色经济的形成，从而促进当地经济的发展。特色产业的发展可以促进地区形成自己的优势品牌，进而提高市场竞争力。在产业结构优化方面，特色产业的发展可以充分利用各种资源，使资源效用达到最大化，以此来促进产业结构优化升级。特色产业还有利于整合相关资源，提高资源的使用效率，并且利用特色产业带动其他有关产业的发展，还能促进特色产业链的发展。在当今时代，特色产业更加符合时代发展潮流，更能满足市场大众的需求，更能带动经济效益的增长。因此，发展特色产业可以带动地区整体经济的发展。本文中的特色产业特指河北省杂粮、中药材、蔬菜、水果等特色农业产业。

基础产业为其他产业的发展提供了基本支撑与基础条件，为我国经济发展打好了地基，是经济发展必不可少的产业。正因为它的基础地位以及重要作用，它为其他产业提供了一定的基本发展条件时也在一定程度上约束着其他产业的发展。区域内经济增长速度、产业发展规模以及产业发展水平和发展质量都很大程度上受基础产业的影响，它与我国经济发展呈正向相关关系。综上，基础产业的建设发展，一定程度上决定着一二三产业的发展质量与发展水平。

1.1.2 特色产业与主导产业

特色产业和主导产业在经济发展过程中都有各自不同的优势，但在具体功能与内容上的侧重点有所不同。特色产业与主导产业的差别主要在于特色产业更加注重特色二字，它优先注重独特性，特色产业侧重辐射引领作用。特色产业还可以依据其独特的资源以及区位优势形成自己独特的品牌，有利于增强产业竞争力，改善产业体系框架。此外，特色产业也可以带动其他产业的发展进步，在一个完善的产业体系中更有利于特色经济的形成，促进产业链的优化升级、发展进步。

而主导产业在产业结构中处于一个统领的地位，它更加注重带动引领作用，与其他产业联系比较紧密，主导产业立足于整体，着眼于核心扩散带动作用，它把区域内各种有利的政治、经济、技术、资源等条件融合起来，以市场需求为导向，不断学习各种先进的技术，不断进行创新，因此主导产业的发展趋势，一定程度上影响着区域产业的发展趋势。主导产业的发展进步，一定程度上也意味着其他产业的发展进步，进而促进整个地区的产业整体发展进步。

1.1.3 特色产业与三产融合

从农业、工业、服务业三产融合的视角看，特色产业注重研究内部动因的问题，它比较偏向于自组织理论，认为系统内因在产业发展过程中占决定因素。依照区域经济分工理论的角度可以看出，因为地域的不同，各地生产活动的自然条件与先天优势也不尽相同。此外，在不同的时期，资源配置的目标也有所不同。因此，不同的地理区域内所生产的产品也是不同的，适合在一个地区生产的产品不一定适合在另一个区域内生产，反之亦然。

三产融合发展本质上归属于产业融合。在产业融合发展中，一些高端产业或是发展较好的产业在一定程度上可以促进低端产业的发展。产业融合的进程可以大致概括成是产业边界模糊化的过程，这个过程是在技术与制度的不断创新进步中实现的。如今，产业融合发展逐渐成为时代发展的潮流，三种产业之间也不再是独立的，它们之间的联系更加密切，产业间的交叉重组，不断促进产业形态、模式等发生新的变化，也在很大程度上促使着产业链的优化升级。三产融合以农村间的三种产业融合发展为主要途径，以产业链优化升级，产业规模不断扩大，产业功能不断优化为表现，以产业发展进步为结果。不断促进技术创新，促进商业模式逐渐顺应时代发展潮流，并通过新业态促进农村资源配置优化，调整农村发展格局。综上，产业融合的过程，就是通过各产业间的互相交叉，彼此交融，由单一产业形成三产融合的新产业的过程。

1.1.4　特色产业与特色农业

特色产业以不同地域内独特的产品、资源为资本，依靠发达的工、农业技术为手段，以市场的需求为导向，并且借助市场运转手段，紧紧结合着区域内独特的资源等先天优势开展综合性的开发。特色产业拥有很强的地域性特点，因为不同地区先天资源、地理位置的不同，其形成的特色产品也是不同的，因此特色产业具有不可复制、不可代替的特点，这也是特色产业具有其独特市场竞争力的原因。这些特点与传统的产业有较大的差异。特色产业包含的范围特别广，主要有特色餐饮、特色旅游、特色农业等。这些产业项目会给区域带来比较高的经济收益，因而特色产业具有很大的发展潜力，除此之外，特色产业也越来越能够满足大众的需求。特色农业是特色产业发展的集中体现，与特色产业一样，都是紧紧环绕着"特色"二字。它们在发展过程中围绕着当地特色，充分考虑区域内的地理地形条件、气候历史因素等，在生产特色产品的过程中，也容易产生自己的品牌效应，从而提高市场竞争力。特色农业利用其独特的区域优势、资源优势等，生产满足市场需求的具有区域特点的农副产品，并与传统农业紧密结合，在区域内形成自己独特的生产经营体系，形成一条具备地区特征的特色产业链。特色农业的发展能得到政府大力支持。特色农业在政府主导下，发展规模也不断扩大，与特色产业一样特色农业也具有很强的地域性以及不可替代性的特点。当特色农业发展到一定规模，且具有很强的市场竞争力的时候，特色农业就会演变成促进当地经济增长的优势产业。这种优势的特色产业具备很强的竞争力，而且能促进产业群集聚，促成产业链优化升级，促进产业间发展愈加协调。综上，特色农业运用本身独特的先天资源与区位优势等，生产符合大众需求的特色产品，进而提升经济效益。

1.1.5　城镇化与城市化

在理论研究与实践中，城镇化与城市化的概念有时可能会被混为一谈，虽然二者的英文单词都是"urbanization"，但是其概念界定上有明显的差异。城镇化是城市化的开端。中国学者认为，城镇化是城市化进程的前身，是城市化进程的一部分。城镇化是人类历史发展到一定阶段后产生的，是农村人口以及工业发展所需要的空间向镇上的转移，转移的方向主要偏向于小的城镇，相反城市化大多指的是农村人口向比较大的或中型城市的转移。因此，城市化和城镇化是两个有所差别的概念，它们是城市化发展过程中的两个阶段，因此不能被混淆。与国外"城市"概念不同的是，中国是等级化的城市管理体制，其主要分为省、市、县、镇、乡几个等级，其中市又分为地级市和县级市，所以等级比较分明。这样的管理体系决定了中国发展并不能用简单的城市化过程概括。在时代发展进程中，小城镇在解决劳动力剩余问题起到了重要的作用。它接收容纳了大批的农村人口，推动了农村人口非农化的进程，除此之外，农村人口向镇上的转移对社会结构的变化也起到了重要的作用。国家出台系列文件，指出建设新农村的经济目标包括"城镇化水平的较大提高"。从官方发布的文件可以看出，经过时代发展较城市化来说，城镇化更加符合中国发展状况。

1.1.6　产业集群与农业产业集群

产业集群是指一些公司或者是机构在某一领域内的集聚。这些公司机构之间是有关联的，它们一般都是紧紧围绕着某个产业进行生产、经营、销售等活动，彼此之间互补且具有很强的共性。产业集群往往有以下几个特点：首先是空间集聚性，这也是产业集群需要注意的最突出的特征。其具体表现在虽是一个个独立的企业，但地理位置非常接近。也正是因为空间的集聚，资源在企业间能够实现共享，这也有利于企业间更好地沟通发展。其次，因为各地的条件不同，某一区域的产业集群大多有地区专业化的特点。区域内的企业往往生产经营同一种产品，有的企业可能负责该产品的生产，有的负责该产品的加工销售，各企业间的联系也日渐密切，逐渐地这块区域就形成了一种专业化的生产方式，一般在同一地区存在这种特征。第三是网络化特征，在产业集群中，企业之间往往存在着一些交叉和联系，这些企业在生产经营等活动中会形成有关联的网络体系，企业利用这个网络体系进行各种贸易活动，各企业在这个网络体系中也能方便快捷地进行沟通交流，并且不断促进相互合作，在这种信息透明中，更有利于科技创新和区域发展进步。最后是文化根植性特点。产业集群的产生，不仅只依赖于某一区域的经济发展水平，它与当地的文化发展环境也有显著的关联。产业集群中很重要的一个环节就是企业之间的合作。合作的企业彼此之间的价值观和信念感往往是相似的，如果区域在一个相互理解、互相信任、强调合作的文化背景下，那么这个区域更有利于产业集群的发展壮大。文化植根性在另一个角度为产业集群提供了依托，它促进了区域间的合作联系，有利于提升产业集群的发展水平。

目前，产业集群主要存在于产业园区和农村两种环境中。农业产业集群是产业集群在农业上面的反映，它紧紧围绕着农业生产活动。把各自分工不同但又彼此合作的农户、企业、技术机构等联系起来，在某一区域内形成集聚。农业产业集群同样具有产业集群的特征。农业产业集群以农业生产活动为中心，充分整合区域内所有资源，让各种资源能够发挥出最大的效用，并且根据时代发展水平以及市场需求，不断地创新进步，提高自己的市场竞争力。农业产业集群往往强调规模化、专业化生产，它把生产环节、加工环节以及经营销售环节等串联起来，使企业和农户联系十分紧密。目前农业产业集群主要有农业专业化强而自发形成专业化小城镇模式、依托市场通过贸易集群形成生产集群模式、外来资金引导发展的农业集群模式等几种类型。目前，农村发展越来越现代化，越来越强调科技创新，越来越多对农业农村的投入使得农业产业集群发展更加多元化。

1.1.7　乡村振兴与产业兴旺

拥有几千年历史的中华文明起源于乡村。但是，随着时代的发展，工业化进程的加快，越来越多的资金等优势资源偏向城市，因为没有足够的资金技术等支持，所以乡村发展受到了很大的冲击。但是乡村的发展又是至关重要的，国民经济的增长与国家整体发展与乡村的发展进步联系十分紧密。因此，我国一直以来都十分重视乡村的发展。自 21 世纪以来，尤其是时代发展至今，乡村振兴也逐渐成为"建设社会主义现代化强国"的重要一环。

党的十九大明确提出了乡村振兴战略这一重大历史任务，乡村振兴在促进产业发展过程中作用重大。实现乡村振兴，促进国家产业兴旺要重视以下几点：在经济上，要深化农业在我国的基础性地位，使农村不再是社会治理的薄弱环节，要坚持深化农村治理体系，保障农村人民生活更加稳定；在民生上，始终坚持全面建成小康社会的基本方针，促进农民脱贫致富，促进人民逐渐实现共同富裕，进而提升人民的幸福感；在文化上，要吸收优秀传统文化的精华，并且不断创新，使其符合时代发展潮流。重视保护乡村环境，充分发挥其生态优势，在发展经济的同时也要保障生态环境，使乡村更加宜居。乡村振兴战略体现了我国对农业农村农民问题的重视，它也在不断引导着乡村更快更好发展。

1.2　国内外研究现状

1.2.1　国外特色农业概念经历了渐进式的演变历程

国外学者十分重视对特色农业的研究，起步早于我国，且已经取得比较丰富的研究成果。有关特色农业的现有研究主要是从两个方面来界定的，即产业属性和经济属性，在有关特色农业的定义上，现有研究并未达成一致，而是从单一的"有机农业"向多种要素相融合的"体验农业"发展。

有机农业：诺斯伯纳勋爵在 1940 年首次提出"有机农业"，即在生产中采用天然的有机肥代替人工化学合成物来种植农作物。

设施农业：设施农业起源较早、历史悠久，早在公元前 4 世纪的罗马就已经存在设施农业，而现代设施农业国际上的叫法略有不同，设施农业指的是为使农业生产趋向现代化、效益化，而利用现代技术来使环境相对来说可以控制。

休闲农业：1865 年意大利为引导居民到农村走进自然、体验生活，最早提出"生态休闲农业"的理念。可持续发展农业：1987 年首次提出可持续发展理念。此后，农业领域引入了该理念，并提出可持续农业相关概念，简单来说这是一种农业系统，指的是通过现代技术等变革，充分利用自然资源，使不同代的人能够公平地享受农产品。

循环农业：经济学界专家美国的 K. polding 在受到宇宙飞船寿命的影响后，提出了有关"循环经济"的概念，这为循环农业的形成奠定基础，其核心主要有以下三个方面：控制资源进行减量化、减少一次性用品促进资源再利用、回收废弃物使资源高效化。循环农业的最终目的是为减少废弃物，提高资源的利用效率，而使用多层次利用技术，将循环再生的原理贯穿始终。

体验农业：大约 20 世纪 60 年代，在美国最早出现，随后英、法、德、日等发达国家也相继出现。体验式农业是为使城市人群体验农村生活，享受闲暇时光，与农林渔物等生产经营相结合，对田园景观等自然环境资源进行设计和建设的一种农业经营的形态。但是截至目前，国外学术界关于特色农业的概念并未达成一致。

（1）农业发展理论

包括农业发展阶段理论、旅游地生命周期理论等。其中具有较为卓著贡献的是美国经济学家 Theodore W. Schultz、Raanan Weitz 和 John W. Mellor。舒尔茨在二十世纪四五十年代提出通过技术改造等手段对传统农业进行改造，使传统农业适应现代技术发展。韦茨于 1971 年提出农业经历持续生存农业、混合农业和现代化商品农业三阶段。梅勒则认为农业发展是有其规律的，其发展是从传统农业发展到低资本技术农业再向高资本技术投入过渡。旅游地生命周期理论：该理论基于产品生命周期论述旅游发展的六个阶段，是由加拿大的专家 Butler（巴特勒）提出的。

（2）农业经济理论

农业区位论：德国学者杜能于 1826 年在其著作中首次提出，主要讲述了农业地带对土地价格变动的敏感程度，并论述了农业生产布局受包括运输距离不同、运输方式不同等运输成本差异的影响。其理论总体来看是同心圆结构，其主要是以城市为中心依次向外分布的是自由农业区到畜牧区。

比较优势理论：亚当·斯密的绝对优势理论是在当时的经济学家们基于追求单位土地生产最高效益即土地生产效率最大化而对农业经济进行探索中提出的，此外，大卫·李嘉图提出进行农业比较优势生产，即众所周知的比较优势理论。比较优势理论强调相对成本的差异是国际贸易得以存在、发展的前提条件。而相对成本差异是由生产技术的相对差别引起的。该理论还阐述了各国应根据趋利避害原则，各国生产应聚焦在"比较优势"的那些产品上，各国为发挥这种优势应该优先对这种产品进行生产并贸易出口，相对来说，"比较劣势"的那些产品可以选择贸易进口。该理论对农业领域仍具有借鉴意义。

地理分工论：苏联专家巴朗斯基对地理分工进行阐释，主要是基于区域经济地理学的角度，并强调了经济利益的驱动是开展地理分工进行产品生产、交换的动力。该理论可为特色农业进行地区分布提供参考。

要素禀赋理论：赫克歇尔及其学生俄林创立的要素禀赋理论，强调不同要素的分布和不同区域的要素禀赋。该理论逐步应用于农业领域，在该领域强调提高生产要素的使用效率。

(3) 农业生态理论

作用的主体主要是环境，意味着在农业经济发展过程中也要注重对环境的保护，包括两种主要的理论，首先是环境承载力理论。环境承载力是指某时期、某空间范围内的环境资源对人类进行的经济活动所能承受的最大限度。其与绿色农业相交融，日益成为评估现代农业生态效益的重要指标。此外，还有可持续农业发展理论：可持续发展理论为可持续农业的提出和发展奠定基础。可持续农业中，首先自然资源是有限的；其次通过技术变革来改变生产过程，使得同样的投入能够获得更多的产出，同时对深化体制改革，克服现有体制弊端；三是为满足人类世代的生存发展需求。

1.2.2 关于国内特色农业的研究

目前特色农业的研究已形成许多兼具理论和实践意义的成果，同样在对中国特色农业的研究中，学者们在诸多方面达成一致。韩长赋（2018）指出党中央在十八大后高度重视三农工作的开展，农村居民生活水平普遍提高，乡村全面振兴、新时代农业农村农民工作顺利开展都离不开党对三农工作的贯彻落实。韩俊（2018）认为关于三农的理论立足于基层，在改革中不断实践，最终形成了有关三农工作较为完善的理论，用于指导乡村振兴工作的顺利开展。韩长赋（2017）认为农业、农村和农民发展的不充分是农村发展不充分的主要表现，这是我国目前社会存在的最大的不充分。乡村振兴归根结底是要解决好农村发展问题，推进现代化。贺雪峰（2018）认为我国农村已经分化，不同农村差距明显。同样，农民分化主要分为四种，地区间发展不平衡，而中西部农业型农村占中国农村和农民比重较大，要注重为中国中西部一般农业型农村地区的发展助力。贺雪峰（2018）在对我国二元结构进行深入研究后，指出要关注农民中的边缘群体，为这些人的发展提供保障，满足这一群体对美好生活的追求，这有助于解决农村问题、实现乡村振兴和维护社会稳定。陆益龙（2018）指出农业现代化实质是通过变革提升效率和效益。在二元结构下，以现代化的工业生产为主的城市经济和以农业为主的农村经济存在较大的差距，为了实现乡村振兴，应主要聚焦于三个方面：农民、农业和农村。坚持在确保粮食安全基础上，以农民为主体，走因村施策的农业现代化道路。学者们在特色农业多个方面的研究愈加成熟，主要包含发展内涵、道路选择、问题研究等方面，具体内容如下：

（1）在特色农业的内涵和理论基础研究方面"百花齐放"

目前，对其内涵的研究集中于产品特色、区域适宜、生产高效、发展持续、产量特色等，但学术界尚未达成一致。卢小雅（2009）将特色农业定义为充分利用自然资源的现代农业，具体来说是将不同地区的具有本区域特色的农业资源转化为商品进行生产。严小燕、陈志峰（2017）指出全球消费需求趋向多元化，农业市场高度细分，各地区资源并不相同，特色农业就是在这种背景下产生的优势农业，其主要根基于不同地区的相对竞争优势。

（2）在特色农业发展问题及时代困境研究方面"本同末异"

如有学者针对乡村治理的结构尚不合理、村民参与度普遍不高等提出相关观点。卢宇（2019）分析国家对特色农业的补贴政策，主要以辽宁省为研究对象，得出农业在进行市场化转型过程中不挂钩的固定补贴、不挂钩的差价补贴等财政直接补贴形式和价格支持的农业补贴方式某种程度上扰乱市场。因此，未来的改革重点要有明确的补贴对象，持久有效的补贴机制和完善的监督机制。陈咏爬（2019）研究发现"互联网＋特色农业"在发展中还存在较多问题，以福建省为例，普惠金融存在"惠而不普"和"普而不惠"的问题、结构发展失衡、缺少专业人才等问题。今后发展对策应从以下方面着手：注重产业融合发展；调整农产品贸易结构，以实现各类特色农作物共同发展；通过政策扶持大量引进人才、在农村推广互联网金融。杨芳（2019）认为目前我国农业经营具有多种模式，第一种是小农家庭经营模式，这种模式下收入不理想；第二种是规模经营模式，在这种模式下可以实现规模效益；第三种是特色经营模式，随着居民消费结构升级和产业新业态的出现，这种模式正在蓬勃发展。目前，我国农业模式多样化，这就要求坚持乡村振兴的战略指导地位，明确实现现代化的发展路径，进而建设新型农业经营体系。罗其友（2019）在研究有关乡村振兴最新的理论和实践情况后，发现尚有不足。首先在理论方面，没有明确的概念、动力和标准；其次，在路径设计、产业发展模式和配置具有同质性；再次，在规划上存在下级地区照搬照抄上位规划或其他地区的规划；最后，示范区多是"锦上添花"式布局，缺乏可推广性，示范价值不高；乡村振兴缺少制度强有力的保障；资源要素潜力亟待进一步挖掘。吕宾（2019）指出在推进现代化的进程中，城市文化对乡村文化产生巨大的冲击，乡村文化在不断与城市文化趋同、日益衰落。实施乡村振兴应注重弘扬乡村文化、振兴文化。周晓光（2019）从实施乡村振兴所需的人才角度出发，指出城乡发展不平衡等因素导致乡村的年轻人不再务农向城市流入，寻求更大的发展机会。而城市的人才也不愿进入乡村，最终导致乡村人才储备不足，这在一定程度上阻碍了乡村振兴的进程。

（3）在特色农业的发展动力及意义分析研究方面"和而不同"

郑风田（2018）结合地理和文化差异等划分存在类别：第一类是自然、文化景观以及种养资源都富饶的类型，这类村庄自然条件最好，非常适宜特色农业的发展。第二类是自然、文化景观资源匮乏但种养资源富饶，这类村庄较为常见，发展过程应注重扬长避短。第三类是自然、文化景观资源富饶但种养资源匮乏，这类村庄应注重旅游资源的开发。第四类是自然、文化景观与种养资源都匮乏，这类村庄自然条件最差，发展最为困难。基于此，他指出实现乡村振兴不同类别的农村应该因地制宜。朱虹（2017）从产业角度对特色农业的发展模式进行研究，提出了促进特色农业与乡村旅游协同发展的探索方向和路线，即创新二者协同发展的经营模式、旅游产品和利益分配机制等。蒋永穆（2017）认为中国特色农业现代化道路的进程是螺旋式演进的，在这个时间进程中，要不断探索、创新具有中国特色、适合中国现实的技术和制度。张卫国（2017）通过研究实施特色农业的农户收入情况，并与促使经济增长的渠道进行对比后，发现发展特色农业能够减少贫困、利民惠民。王丰（2018）认为在实现农业现代化的道路上，特色农业的出现和发展实现了新的跨越，强调了在特色农业发展过程中要面对多重挑战，如推进农业资本化过于盲目、农村环境陷于停滞、农民阶层产生分化等。陈秧分（2019）认为中国农业竞争力偏弱，现代农业功能已由强调农产品生产与社会稳定，转向兼顾产品供应、社会稳定、文化传承、生态涵养。中国农业发展过程中，间接利益相关者的获得感要强于农民群体，同时还面临农业劳动生产效率偏低等瓶颈问题。建议切实推动中国农业发展由注重数量转向质量生产，促进产业融合与产业发展，建立农业要素功能显化增殖机制与"进得来、留得住、能受益"的生产要素配置机制，提高农业支持政策的针对性、协同性与联动性，推动我国农业发展与产业兴旺。

（4）在特色农业发展模式及道路研究方面"百家争鸣"

张文超（2017）在对日本取得商标并且具有良好口碑的农业营销方式进行深入研究后，提出了我国特色农业发展的新路径，即建设绿色生态农业、打造知名度高的品牌农业和做好农业营销。单福彬、李馨（2017）从社会价值和产业支撑角度，剖析中国台湾创新传统农业而形成该地的特色农业。秦俊丽（2019）发现山西休闲农业的农产品缺少特色、开发粗放、缺乏规划，并针对这些问题提出拓展市场、完善基础设施建设、增强创新思想等建议。杨建斌（2018）对农民和消费群体进行调查询问，了解临潼区石榴产业及特色农业产业化发展情况，发现当地石榴产业存在品牌认知度不高，应加大品牌培育力度，提升产业链价值。王景新等（2018）认为实现农村地域空间的经济价值、生态价值、生活价值三者和谐是乡村振兴的地域重构主要目标。张杨（2018）等在对比邓小平理论和习近平壮大集体经济的思想后，得出解决新时代我国农村主要矛盾需要壮大集体经济。在结合对乡村振兴和特色农业的研究中，于伟国（2018）结合福建省实际，提出多个着力点：即优势产业集约化，建设品牌农业，与闽台农业合作和提高农产品质量等。尚朝阳（2018）从信阳市是农业大市的定位出发，提出抓农业产业化龙头企业，助力乡村振兴。张占耕（2018）指出实现农业现代化道路的重点发生了改变，将由以提高单位土地产出为主同时顾及劳动生产效率，转向单位土地产出与劳动生产率不能顾此失彼，要统筹发展。应通过完善科技设施、发展绿色农业、调整财力反哺机制、促进农业产业化、实施产权改制等实现中国特色农业的现代化。

（5）在特色农业发展策略研究方面"殊途同归"

吴重庆（2019）指出我国小农户将长期存在，主要由于我国农业人口多而耕地少。基于小农户的重要地位，在实施乡村振兴战略时，要推进现代农业的发展，需要关注小农户的功能并提高其组织化程度。谢天成（2019）对目前农村新业态进行研究，发现存在以下问题：统筹规划不清晰、受制于要素、水准较低和缺少规范化等。陆益龙（2019）在乡村振兴的问题上提出不仅要重视乡村的生态效益，还要关注其文化价值，修复乡村社会文化系统。在选择发展路径时要处理好国家意志和农民主体地位、顶层设计与基层实践的关系。坚定不移地走乡村振兴道路。李娟（2019）对大数据农业进行研究，认为大数据农业以云计算为基础，使农业产业发生革命性变革，可以帮助农业建立全产业链流程，因此要适应大数据时代的发展，从制度和设施两方面完善农业大数据建设，助推农业适度规模经营，培育大数据时代的人才，建立技术联盟提供技术保障。蒋洁（2019）在研究我国农村发展问题后，发现存在以下几个问题：农村三产融合应该是农业、加工业和服务业的产业融合，然而目前却异化为农旅融合；新农业发展不足，缺乏科学的管理方法；小农户组织模式有待完善；没有广泛应用现代科学技术；逆城市化有待解决，需抓住机遇发展乡村，减轻城市空间压力，优化空间结构。同时，也出现了各种认识误区：将乡村建设与景区建设混为一谈、将乡村经营与城市经营画等号、认为乡村产业与旧乡村工业模式无异、引进工商资本被认为是资本主导乡村、对现代农业与大农业的区别不清等。针对以上误区，应着力深化改革、培育新农人、打造农业新载体、探索农业新产业新业态，全面推动乡村振兴。在农业发展过程中，发现存在农业劳动生产率不高、农民群体获得感不强等问题。因此，为了促进农业健康、持续发展应该从产业融合、合理配置要素、精准制定政策等角度高效解决问题，进而推动农业健康持续发展，促进产业的融合、振兴。

　　总体而言，从乡村振兴战略提出以来，我国学者就不断对特色农业进行探索研究，从理论研究到问题发现再到实践探索，都反映了我国学术界对特色农业研究的角度、深度越来越全面，越来越广泛。但是学术界对特色农业的研究大多还是停留在理论、内涵以及发展道路、发展模式上，虽然在这些层面的研究已经比较成熟了。但是由于研究的各种局限性，特色产业发展过程中还有许多方面需要深入研究。首先，特色农业是不断发展的，并不是静止不动的。除了传统的研究思路外，要紧跟时代步伐，创新求变，站在新视角上思考问题，如研究特色农业是如何促进乡村振兴的；其次，对特色农业的研究范围太大、不够具体，缺乏实践研究；最后，对于河北省特色农业的研究目前比较少，特色农业与乡村振兴战略结合方面的研究更是一个空白。

2 | 特色产业形成的客观条件

2.1 特色产业发展的关键因素

资源禀赋、政策环境、资本投入、技术创新、市场需求、人才储备和产业集群这几个静态要素，是特色农业发展的关键所在。不同区域的特色农业发展，基本上都离不开这几个关键要素。

2.1.1 资源禀赋

资源禀赋是指某地区独特的自然资源、传统文化和区域环境，比如光照、水、土地、生物等都属于资源禀赋，不同区域的资源禀赋也不尽相同。相较于工业产业，农业，尤其是特色产业对资源禀赋的依赖性更强。特色产业代表了某一区域的特色，这种特色应是别的地区所没有的，因此才能发展成为特色产业，而这个特色产业最主要的依托就是当地的特色资源禀赋优势。资源禀赋为特色产业的发展提供了先天优势，比如它提供了原材料，这就在很大程度上降低了生产成本。例如河北雄县位于保定白洋淀附近，储藏了大量高品质的地热资源，这将有利于该地区水产养殖业的发展，加之国家对农业的大力支持以及现代农业技术的不断推进，雄县很快就建立了"智慧生态循环农业示范园区"。雄县京南生态农业示范区的项目核心区所在地白家码头与白洋淀、白沟河也被称为三位一体的黄金宝地。

资源禀赋在以下几个方面影响着特色农业的发展。一是资源禀赋为特色农业的发展打好地基。不同地域的自然地理环境、气候状况。生物资源为其发展特色农业提供了基本条件，不同地域所拥有的资源也是不可代替的。某地区发展的特色产业可能只需要耗费较低的成本，但在其他地区发展该产业可能就需要耗费大量的生产成本，且利益也不一定可观。因此，独特的资源禀赋是特色产业发展的前提条件。例如，位于北纬40度左右的怀来县酿酒葡萄产区就具备这样独特的资源禀赋。世界上优质的酿酒葡萄，比如美乐、霞多丽等很多知名品种都产于这个纬度，当地的日照也很适合酿酒葡萄的生长，全年日照时数充足，日照率较高，为发展葡萄酒产业提供了良好的基础；怀来县周围的地形也为其发展提供了基础，涿鹿县临近怀来县，它的地形大多为盆地，还有为其提供充分水源的桑干河，除此之外，涿鹿县土壤肥沃，有栗弱土、褐土、水稻土等几种优质土壤，为酿酒葡萄生长提供了优质土地资源；在地理位置上，怀来县作为北京周围重要的经济区，对其科技等方面的资金投入也是比较多的。此外，因临近北京，铁路线四通八达，交通十分便利，这些都促进着怀来县酿酒葡萄产业的发展。二是特色产业的生产成本也会受到资源禀赋的约束。各地拥有的资源条件不同，也就意味着各地拥有的资源优势不同。赫克歇尔-俄林的资源禀赋理论表示产品的生产成本由资源的比较优势决定。不同地区生产同一产品时，其生产成本的差别除了由生产要素本身的价格差异影响外，还与地域内的资源禀赋优势有关。若某一区域具有丰富的自然资源以及原材料等，那么这一区域生产的特色产品耗费的原材料成本可能会很低，而与这一区域经济、技术等水平相似的另一区域可能就是因为缺乏这样的优势资源，在生产同一产品时会耗费更多的成本，这就是相对禀赋差异。三是特色产业的品牌质量由资源禀赋决定，特色产业是依据某一区域独特的资源禀赋优势产生的，具有很强的地域性和不可替代性，正是因为这样，它所生产的产品一般也是不可替代的，即使不同地区生产同一类产品，也会因为原料不同产生质量差异，所以资源禀赋很大程度上决定着特色产品的品牌质量。而这些特色产业也会形成地域品牌效应，像专利注册一样，国际上经常进行地理标志产品注册，这在很大程度上保护了区域品牌。如法国葡萄酒产业、福建茶叶特色产业以及迁安板栗产业等都是由于各自的资源禀赋优势得以发展壮大的。这些特色产业依靠较低的生产成本来生产优质的特色产品，既不可复制，又带来了效益，据此形成其独特的竞争优势。并不是所有地方的资源禀赋都是非常明显的，但若是最大程度的利用其资源禀赋优势，也会给区域带来较大的收益。如具有以色列地域特征的水果、蔬菜和花卉特色产业就是把光照充足这一优势利用到极致，因此也形成了一定的品牌效应。

2.1.2 政策环境

产业发展往往受到政策环境的影响，政府可以支持某些产业的发展，为其提供优惠政策，也可以限制某些产业的发展。在不同的历史时期，政府可能会采取不同的政策。政策环境是受人为控制的，政策环境对特色产业的发展影响主要体现在以下几个方面：首先，积极的政策环境可以促进某些产业的发展，为一些产业提供良好的发展环境。比如，政府大力支持特色农业的发展，因此也不断提升农业的战略地位。政府利用政策支持着影响国民经济以及民生发展的产业，为这些产业的发展提供良好的政策环境，这样在促进这些产业发展的同时也一定程度促进了国民经济的发展。其次，政策的市场准入门槛可以在一定程度上保护本国或本地区的一些产业，因为准入门槛使得产业进入市场受到约束和限制，在一定程度上阻止了外来产业的冲击，并且这种政策宏观控制着影响本地区总体规划的产业发展。最后，政府若想使产业接受市场调控，自由发展，则可以采取不干涉的政策，以上几方面就是政策环境对特色产业发展的影响。

不同地区的政府为特色产业营造出不同的政策环境。这些政策一般是在特定时期、特定地域为特定产业制定的。法国为了使葡萄酒产业有一个良好的发展环境，采取了较为严格的产品分级制度、市场准入制度以及产量整体控制制度，这样能极大地促进本地区葡萄酒产业的发展；山东寿光采取让有污染的企业搬迁的方式，优先发展绿色产业，极大地促进了绿色蔬菜产业的发展；日本采取"誊本"户籍管理制度，这种制度的好处就是各地区人口流动受到的限制减小，只需在政府登记迁入迁出，它极大地促进了劳动力的流动与各地经济的发展，而且日本还专门为收入较低的家庭提供住房保障，使得一些劳动力可以稳定下来，稳定的劳动力更能促进经济的发展。此外，日本还为一些劳动力缴纳保险，使得他们多了一层保障，稳定了劳动力来源，解决了企业用工困难的问题。日本这样的政策环境有效地解决了产业发展过程中缺少劳动力的问题。

河北省有良好的政策环境支持怀来县葡萄产业的发展，政府在政策上的支持也极大地促进了该地区酿酒葡萄产业形成其自己的竞争优势。在促进怀来县酿酒葡萄产业发展方面，张家口建设了齐全的产业体系，既有生产葡萄的公司，又有研究葡萄生产的研究院，此外还建设了葡萄酒局以及中法农场等。张家口政府也成立领导小组，统一筹划布局，协调组织各个部门机构的关系，使怀来特色酿酒葡萄产业在生产、加工、销售等环节都建立密切的联系，建立葡萄酒产业链，并且形成良好的循环。阜平县的特色食用菌产业采取了"政银企户保"模式，以政府政策支持作为依托，极大地促进了特色食用菌产业的发展，也在一定程度上推动了农民脱贫致富。

2.1.3 资本投入

投资是改变产业结构的要素中最为明显的一种方式。投资促成了产业的产生与发展。它对特色产业发展的技术要素、劳动力要素和生产设备以及能力水平起到决定性作用：技术创新投入大、风险高，雄厚的资本投入作为其后盾直接决定了技术创新的能力和水平。资本投入可以决定特色产业储备优秀人才的水平与能力，企业有能力做好薪资待遇、福利水平、社会保障、知识培训这些人力资本投入，就具备了决定人才流动、吸引高端人才聚集的重要条件。

如法国葡萄酒产业将部分产品变成了如黄金玉石、古董文玩一般的收藏品，得益于其产业声誉好、收益平稳的特点，所以在初级要素资源匮乏的地区，政府的帮扶和投入在其特色产业发展的初级阶段发挥了关键作用。以我国山东省寿光市绿色蔬菜产业和福建省茶叶产业为例，政府投入和民间融资相结合为资本投入机制，政府不仅免费组织举办蔬菜博览会、茶叶博览会活动，还为龙头企业提供金融、用地和财税政策帮助，为企业节约资金投入，展现了持续性投资对特色产业的助推器作用。平泉市提出每年用于食用菌产业发展预算不低于5 000万元的财政支出计划，丰宁县九龙松现代农业园区也在规划中指出县财政局每年补贴园区5 000万元建设资金。

2.1.4 技术创新

技术因素与人力资本息息相关，技术的进步必定造成组织的变化，最后体现于资本投入之上。技术创新对特色农业发展造成的影响表现在以下方面：技术因素会影响特色产业的生产效率和投入。技术因素对特色产业附加值的提高产生重要影响。将技术应用于生产环节和流通环节，会对原材料和辅助材料的原有价值产生增值作用。特色产品如果长期拥有技术领先优势，有利于在消费者心中培养出信赖感，满足消费者对产品要求的硬性商品价值之外的感性需求，因此提升并实现特色产业产品的高附加值。技术因素会影响特色产业集群的产生和成长。很多产业在同行业竞争中拔得头筹，常常是因为自身具备独特的产业核心技术。而以色列和日本则是以高新技术为突破口，加大技术投入，用技术创新来补偿先天资源禀赋不足，一方面提升产业生产效率，另一方面将资源禀赋优势转变成产品卖点，增加了产品附加值。

再如，对于张家口酿酒葡萄种植面积减少问题，除在品种栽培管理方面有很大不足外，其根本原因在于原料的质量问题，决定原料质量水平的原因不仅是种植地区的生态条件，还有栽培管理的水平。因此提高葡萄质量应从这方面入手：不同品种应栽在其适宜的生态环境下，从这方面来讲，怀来、涿鹿两地的良种苗木繁育体系落后，多种高品质酿酒葡萄种苗基地稀少。

2.1.5 市场需求

在经营和发展产业的过程中，先有需求市场的诞生，才会出现供给。所以在某些层面上来说，企业与产业的出现起源于市场。特色产品的发展方向与激发积极性的动力来自市场需求。市场需求量与产业供给积极性呈正相关关系，市场需求量越高，产业供给越积极，产业壮大发展的信心和动力也越足；反之，市场需求量越低，产业供给积极性也随之降低，产业发展壮大的动力不足，以至于产业随着市场的萎靡走向消亡。特色产业发展以市场需求为努力目标；产业努力的目标是培养并扩大产品销售市场，在市场培养更广阔的消费群体，增加市场对产品量的需求，扩大产业发展空间。显然，一个产品设计得再好、质量再高，没有得到市场的认可就不会实现产品的最终价值。特色产业规模适度性、消费市场普遍适用性特点要求特色产品不能以数量取胜，关键要以品质和特色取胜。如以色列因为受限于其局促的地理空间和恶劣的自然条件，农业不能大规模发展，但以色列却把具有自身乡村特色的蔬菜、水果销往世界。而日本采用"一村一品"农业发展模式开发地方特色产品，赢得世界市场的推广模式，使这一具有强烈农业色彩的产品得以快速进入世界各国。再如河北滦南县李营村推进"一村一品"特色农业致富产业、猪—沼—菜"三位一体"的生态种养模式、承德县新杖子乡的国光苹果、樱桃等特色产业也值得借鉴。山东寿光绿色蔬菜产业不仅在国内市场以积极的手段宣传其产业，并且努力地向韩国、日本和东南亚市场推广，实现了国内国际双市场的积极接轨。此外，福建茶叶特色产业不仅努力地巩固国内国外双市场，还以敏锐的视角捕捉到了市场变化，在顺应时代潮流的同时开发出了乌龙茶、红茶、绿茶等系列茶饮料，这一顺应时局变化的有效举措不仅有效地延长了茶叶产业链条的生命周期，还扩展了消费市场。

另外，以河北怀来、涿鹿葡萄酒在中国的消费市场为例，因为消费习惯的不断改变以及对葡萄酒的认知提升等因素，使得葡萄酒的市场进一步扩大，不过除了这些助推因素之外，也有些不利因素，比如国内其他葡萄酒产区的崛起以及国外葡萄酒占领部分中国市场等的挟制。

2.1.6　人才储备

人才储备是决定产业发展各个环节的关键。首先，储备的人才水平高低与所设计开发的特色产品的领先程度有着密不可分的关系。因为具有创新精神和创新能力的优秀人才设计和开发出独具特色产品的可能性更高，高技术、高认知是人才要素的关键点，要确保特色产业每个生产环节质量和效率的基础是拥有大批技术熟练的工人和技师。人才储备水平越高，特色产品销售价值实现的可能性越高。此外，产品营销得越高端美观，产品的附加值越大，显然高素质的营销人才至关重要。如福建特色茶叶产业的卓越业绩需要大量的优秀专业人才来支撑其发展。数量众多的专业人才可以严格实现每一个环节的标准。为了实现促进产业发展的目标，大部分福建特色茶叶农业园区采取了和院校、科研院所密切合作的方式，比如河北省青龙三星口现代农业园区建立了和中国农业大学等科研院所合作的方式，实现了园区内各个产业有"一所科研机构、一个团队、一批专家"的发展模式；河北滦县奶牛养殖现代科技园区和北京奶牛中心不仅建立了产学研基地，还结合了"互联网＋"的新形式进行教学以及技术指导等。

2.2 要素之间的关系

产业集群作为提升企业竞争力、产业竞争力以及区域竞争力的关键手段，也是特色产业的重要发展方向之一。优秀的产业集群对发展特色产业的重要性功能表现在：企业汇集这一产业集群特色不仅有利于每个相关企业在一定可选范围内选择生产成本最低的原料，还有利于在保证产品竞争力的同时提高自身产品的市场竞争力。另外，可以提高特色产业技术创新的速度。产业集群会吸引与特色产业有关联的上游企业和下游企业向其所在地靠拢，这有利于相互竞争的学习激励机制的建立。法国葡萄酒产业集群和福建茶叶特色产业集群这两个集群不仅在一定程度上提升了产业的整体竞争力，还进一步影响了所在国家和地区区位选择和产业布局，从而带动了所在地方现代服务业的发展。山东寿光绿色蔬菜产业集群不仅吸引了世界排名靠前的蔬菜产业和在农业领域领先的企业在其所在区域安置落脚点，也吸引了很多研究机构在其所在区域成立派驻机构，产业集群强大的吸引力不仅能提升产业技术研发和企业竞争力，也能带动产业所在地区整体产业的进一步升级。决定特色产业快速发展的要素之间存在着密不可分的关系，如图 2-1。

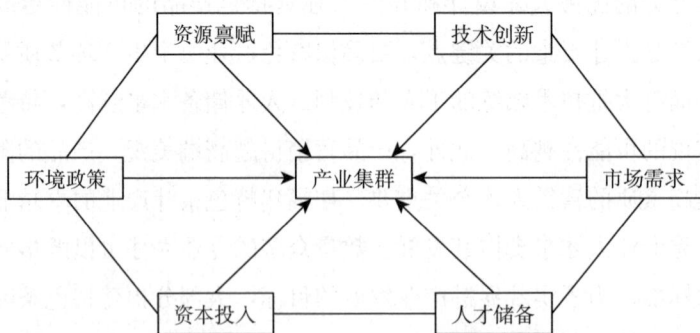

图 2-1 特色产业影响要素示意

通过图 2-1 可以看出，以产业集群为中心，各要素联系密切。第一，特色产业发展的基础是资源禀赋，资源禀赋是特色产业发展中不可缺少的要素。第二，人才储备作为特色产业保持始终领先的关键地位，也担任重要的角色，旺盛的市场需求不仅可以吸引产业加大资本投入，还可以使得产业加快技术创新，做好人才储备工作并进一步扩大集群优势。一般来说，市场对具有强烈乡村色彩的产业的需求强弱，是检验特色产业发展优劣的标准。大量的资本投入不仅可以健全和完善独具特色的产业培训机构，也可以为企业输送数量众多并且具有创新能力和有经验、有技术、有经营技能的"三有"高端专业人才。所以，充足的资本投入对于特色产业集群的重要性不言而喻，如果想做好、做大特色产业集群，大量的资本投入必不可少。只有自身有优势，有实力才可以吸引到大量的资金投入。

2.3　特色产业形成的客观条件中要素之间的作用机制

特色产业的良好发展是每项要素共同作用的结果，各项要素的详细作用机制如图 2-2：

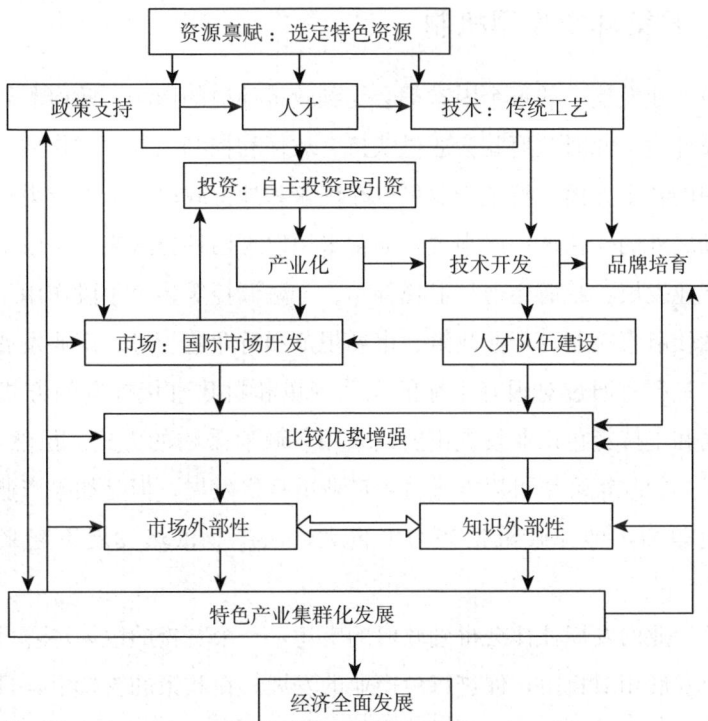

图 2-2　影响特色产业发展各要素作用机制示意图

2.3.1 资源禀赋作用机制

资源禀赋对特色产业发挥的作用不仅有正向的推动作用还有逆向的阻碍作用。研究证明，资源禀赋与特色产业发展之间存在两种形式的关系，既存在正向推动关系，又存在反向阻碍关系。良好的自然资源禀赋会对区域内相关特色产业起到正向推动作用，尤其是一些几乎取决于资源条件限制的特色产业，但是资源禀赋并不能完全决定特色产业的发展。正是因为得天独厚的自然资源，才成就了各个地区特色产业。日本应对资源禀赋不足的方法是充分发掘运用好现有资源来弥补资源禀赋不足的缺点，将技术创新和知识引进综合并用，力图化劣势为优势，打破资源决定论的困局；以色列在资源禀赋不足的困境下，实现特色产业发展主要依靠自我创新，不仅打破了资源禀赋困境，甚至其节水节能技术、农业机械技术、瓜果花卉技术在世界上都保持领先地位。

2.3.2 政策环境作用机制

特色产业发展中的每个因素都会受到政策环境的影响。政府需要营造有利的政策环境，此时政府就会通过扶持、放任和控制三种方式作用于特色产业发展中的各个方面。特色产业可以在国家和地方政府政策的有力推动下得到除市场之外的支持。一般来说，通常采用以下两种方式来使得政策更好地作用于产业发展：政府会通过退税补贴、金融调控等多个手段作用于市场发展，包括政府直接制订产业政策、市场规范和行业监管等。产业发展的主要市场客户是政府通过对国有土地的无偿划拨和财政直接投资的方式来获得的，鼓励和支持特色产业发展主要是采用了政府采购的方式。虽然，持续、稳定且长久的政策环境可以推进特色产业的良好发展，但是如果产业本身缺乏核心竞争力，即使政策扶持力度再大，该产业依然发展不起来，前途渺茫。

特色产业的发展往往会得到政府的支持，一个宽松的政策环境可以使某区域产业发展相对自由，促进特色产业的发展。在政策的支持下，日本在某区域开发"拳头产品"，即"一村一品"运动，形成了品牌效应，提高了市场竞争力；法国葡萄酒产业的发展符合其国家政策环境，发展日益成熟；以色列把某些农业生产组织形式与国家战略相结合，比如"基布兹"，体现了这个国家对农业的支持，极大地促进了特色农业的发展。在政府整体政策支持的背景下，各地的政府也应该进行统一规划，使特色产业能够共同协调发展。山东寿光绿色蔬菜产业虽然得到了当地政府的支持，但在统一筹划方面仍需要改进；福建茶叶产业也是如此。河北怀来县葡萄产业发展过程中，受到了政府的大力支持，2012年，该县发布《关于鼓励农民扩大葡萄种植面积的意见》，里面主要包含了一些对农民的优惠政策，比如经济补贴等，这些惠民政策极大地促进了农民生产积极性的提高，这对于特色农业的发展具有重要意义；政府与一些加工企业合作，为农民提供了一些原材料以及葡萄产业种植的必需品；政府联合金融机构，使农民融资等更加简单便捷。如涿鹿、怀来等7县划入京西北绿色生态与精准扶贫功能区，将进一步促进这些地区特色产业发展。此外，该区将打造绿色农业科技示范区，以生态保护为前提，在保护环境的基础上促进经济效益的提升。

2.3.3 资本投入作用机制

目前，我国大多数乡村地区产业发展所需要的资金大多是政府直接投入的，支持农村企业方便快捷融资的金融体系还有待进一步完善。不过，随着特色产业体系的不断完善和发展，加之政府充分的政策支持，金融体系也随之不断地完善发展。政府给予了乡村特色企业在税收、贷款利息等方面的优惠政策以及各种福利补贴，不仅自己投入资金支持，还不断为特色企业拉拢资金，除此之外，为促进特色产业的发展划拨土地，这些优惠政策都体现了国家在投融资方面给予特色产业的优惠支持。在这些政策扶持下，乡村特色产业会逐渐发展形成一定的规模体系，逐步提升经济效益，产生盈利。这时，可以充分发挥市场调控的作用，政府的干预将会减小，企业可以直接通过金融机构等进行投融资运作，获取资金，形成一种产业体系。而政府对特色企业的支持，可以转向宣传等方面，如通过明星宣传当地特色产业，吸引外来企业对当地特色企业的资金投入，从而促进产业链的优化升级，进一步促进产业集聚。

目前法国的葡萄酒产业从葡萄生产、加工再到酿制、经营销售等环节都可以实现市场调控，不断促进产业的发展进步。以色列的特色农业以及日本的"一村一品"运动亦是如此，它们目前发展得都比较成熟，已经实现由金融机构以及公司企业对其资本投入进行运营。而山东寿光绿色蔬菜产业在当前发展过程中仍主要由政府支持，政府采取了令高污染企业搬迁以及为绿色产业划拨用地的政策，此外，还通过会展等形式全方面促进特色产业的发展。河北涿鹿县目前来看其发展规模较小，这意味着它没有形成一定的产业规模以及完善的产业链，致使其融资困难，资金的不足会直接影响该县特色农产品加工业的发展。此外，政府对该县没有给予完备的政策支持，就招揽资金方面，意识比较薄弱，导致该县用于发展加工业的资金更加不足。

2.3.4 技术创新作用机制

技术创新作用机制在特色农业上主要通过以下几种方式达到：首先是加强特色产业资源禀赋的改造。在特色农业发展过程中，必然离不开生产要素。生产要素也有初级和高级之分，其中，初级生产要素基本包含地理位置等的先天资源、较低水平的人工以及融资情况等；高级生产要素主要指高级技术人员、现代化设施以及研究院等。技术的不断创新，可以促使低级生产要素进一步升级。某个区域的资源禀赋即使再好，也需要有一定的技术来进行开发，否则再好的资源禀赋也会被浪费。这也是为什么即使某些区域资源禀赋类似，有的发展得很好，能够形成独具特色的产业链体系，有的则不能。其次是生产设备的改造。技术的进步可以促进设备的进步，设备的进步为现代化特色产业的发展提供了基础，能够极大促进特色产业发展壮大。再次是提升生产效率，提升生产效率有利于特色产业能更快地形成产业体系。最后是提高产品质量，高质量低成本的产品，有利于形成产业独特的市场竞争力，促进特色产业的发展。这几种方式彼此间是有关联的，技术创新在改造资源禀赋的同时，也在改善产业生产设备，生产设备的改善能进一步提高产业生产效率，生产效率的提升有利于经济效益的提高。此外，独特的资源禀赋优势以及技术的不断创新也促进着生产质量的提升，使特色产业形成市场竞争力，越来越符合市场需求。当前信息交换方便快捷，这也意味着产业模式等更容易被复制。特色产业应充分发挥其独特的优势，并配合技术创新，以此来促进其不断发展进步。

法国特色葡萄酒产业之所以能够在世界上保持领先地位，不仅因为它有独特的资源禀赋、充分的的原材料等，其中非常重要的一点是由于它在酿酒方面先进的核心技术，并且这个核心技术在不断创新进步，不断适应时代发展潮流。以色列的特色农业也是由于技术创新得以不断发展的，以色列有完善的现代化设施，有高端人才以及研究院所，为技术创新提供基础，也促进了初级生产要素转化为高级生产要素。日本的"一村一品"运动与之类似。我国也有一些特色产业是技术创新的成功者，比如福建特色茶产业以市场需求为导向，不断进行技术创新，例如通过移植技术开发新产品，生产满足不同人群的产品，并根据时代发展潮流开发绿色生态系列产品，使得福建茶产业不断向前发展。山东寿光绿色蔬菜产业，不断顺应市场的变化，从"大棚反季蔬菜"到明确"绿色、生态"蔬菜技术，都体现了其技术的创新进步。

2.3.5 市场需求作用机制

价格杠杆不断调节着国民经济。市场需求作用机制在特色产业上的应用充分借助了价格杠杆手段。当某商品满足大众需求，且需求不断增加时，因为人们购买增加，市场出现供不应求状况，此时就会提高价格，价格的提升使企业获取更加高额的利润，企业便会集中生产该产品，把资金、设备、资源、人才等集中于该产品的生产中，以此来扩大需求，使其满足市场发展状况。相反，若市场出现供过于求的现象，商品价格将会下降，企业获得的利润因而减小，此时，企业要么会对产品进行转型升级、技术创新，要么就会把各种资源转向开发新的产品。特色产业的发展就是通过这样的价格杠杆进行调节的，特色产业发展过程就是不断以市场需求为导向。在特色产业发展刚刚起步时，它面向的市场往往是当地民众。当地民众的需求使得特色产业的发展有了初步的资金储备，为以后的发展打下了坚实的基础。随着某地区特色产业规模的扩大以及产业链的完善，将会利用特色旅游等形式吸引外部人员对当地特色产业进行参观等，不断宣传该地特色产业，旨在把特色产业逐渐转向国内其他地方的市场乃至国际市场，完成市场的进一步扩张。

2.3.6 人才储备作用机制

人才储备作用机制应用于特色产业是在技术创新、资本运营、市场营销、制定政策等多个方面达到的。人是具有主观能动性的，这就意味着人在面对市场变化时能灵敏的做出反应。人是各种要素的支配者与改造者，因此，特色产业的发展核心要围绕着人。特色产业发展过程中需要不同梯队的人，比如生产需要农户，加工需要工人，销售需要营销人才，开发新产品需要高级技术人才，等等。这些都体现了特色产业的发展离不开各种层面的专业人才，因此应不断加强对人才的培养，增加人才储备量，为特色产业的发展打好基础。对于人才储备要全方位进行培养：首先在学校要开设特色产业所需要的专业高端人才；其次，特色企业要加强培训，无论是高级技术人才还是销售营销人才抑或是生产制作人才都要兼顾到，使各层次的人才保持创新思维，不与时代脱轨。最后，要招揽外来人才，可以通过较高的工资以及较好的福利待遇来吸引人才。较多的人才在特色产业内集聚，能够促进特色产业的迅速发展，能够较快地使产业形成一定的规模。

日本对人才的培养尤为重视。在"一村一品"运动的起源地，人们在工作之余，每天都要进行学习，不断培养与特色产业有关的专业人才，不断促进着日本特色产业的发展。法国特色葡萄酒产业也是如此，葡萄酒产业的产业链较长，从采摘到酿酒再到销售，中间经过了许多环节，这些环节都是需要有专业人才进行运转的，比如园艺师、酿酒师，以及营销人员，因此，法国葡萄酒产业对专业人才需求旺盛，十分重视人才的培养。在中国，福建特色茶产业发展较好，其也十分注重人才的培养，茶产业发展中更是环节众多，生产到加工再到销售分别需要不同层次的人才，对专业人才的需求也特别高。

以色列人才储备策略更加侧重高端特色农业人才的培养，根据犹太人在世界各地分布广泛、对祖国具有强烈归属感的特点，以色列派遣留学人员去发达国家或地区学习先进的生产技术，培养了一批又一批卓越的特色农业高精尖人才。

2.3.7 产业集群作用机制

产业集群对特色农业发挥的作用主要表现为增强产业或地区总体竞争实力。产业集群根据集群范围分为产业内部集群和产业外部集群两种。产业内部集群是指以主业或带头企业为基础，对产业链进行进一步细分和处理，使更多专业性小企业形成精制细密的集群，从而达到提升生产力的目的。而产业外部集群是指在产业内部集群完成后，以整个特色产业为基础，引导并推动相关产业或相似产业向其靠拢，不仅带动这些被吸引而来产业的发展，更重要的是提升其整体竞争优势，这也是产业集群发展的高级阶段。

如福建茶叶特色产业、日本"一村一品"运动当前仍属于产业内部集群阶段，但福建茶叶特色产业已经逐渐开始向产业外部集群转变，开始吸引相关饮料企业研发与投入，日本"一村一品"运动则是以地方区域为主，以地方特色产业中的最有实力的企业为中心，围绕中心企业大举衍生配套企业，使各地都形成特色小企业集群。法国葡萄酒产业、山东寿光绿色蔬菜产业以及以色列特色农业则已经进入到产业外部集群阶段，开始发挥带动相关产业、提高整体地区竞争能力的作用。法国葡萄酒产业以葡萄园与酒庄为载体，利用栽培原料、搭配辅料、设施设备、产品研发、旅游会展等手段，形成了产研一体的联盟。山东寿光的绿色蔬菜产业集群发展已经初具规模，产业集聚形成的学习功能卓有成效，以绿色蔬菜产业为中心的产业链条已经十分完整，大力带动了当地工业、农业、服务业等其他行业的进步。以色列水资源极度匮乏，农产品主要是瓜果蔬菜、花卉以及培育的农产品种子，重点研究开发节水灌溉技术、制造农业机械向外出口、发展特色农业旅游、开展农业新品种培育，引领相关产业集聚和发展，最终构成产业外部集群。

当前河北省多数县市的特色产业也选择向集群化发展，张家口市的奶业，平泉市的小蘑菇产业，保定市满城区的草莓。如涿鹿县打造了 5 个加工集群，以杏扁和葡萄最为典型，这大大提高了杏产业和葡萄产业的加工效率，葡萄酒产业集群以干红、干白葡萄酒原酒为主要产品，葡萄酒产量每年可达 10.5 万吨，消化了当地 81% 的葡萄产量。

2.4　新常态下特色产业进一步发展的客观条件

2.4.1　县域经济的发展水平

不同的特色产业为县域经济带来的提升程度也是不同的，并且，县域经济在某一时段内对特色产业的发展会有一定的目标与要求，会通过向特色产业投资或其他更为直截了当的手段对特色产业发展产生影响。一个县的特色产业发展不会超出其县域能够提供的物质条件水平范围，其内在一定会受到县域经济发展水平的限制。所以县域经济不仅对特色产业发展有要求，还会直接影响特色产业发展的程度与范围。因为存在供需价格等变数，即使在资源总量制约性小的开放条件下，特色产业发展也要受到县域经济水平的制约。因此，从当前县域经济发展情况来看，特色产业发展想要满足县域经济发展目标与方向，可以采用政府与市场有机结合，政府引导，市场跟进的高效模式。另外，需要注意的是，特色产业发展过程的重中之重是处理好特色产业发展市场化、特色化、个性化的问题。

2.4.2　发展环境及文化因素

环境因素包含制度环境、社会环境、人文环境等。当今时代，科技发展突飞猛进，区域经济想要长足进步就需要加快资本流动、吸引高层次人才、营造好的文化氛围，区域环境对于吸引物资流、信息流、人才流发挥的作用是举足轻重的。当今世界，人们越来越重视生态环境的塑造，对生态环境的要求越来越高，也越来越关注如何解决经济发展与生态文明之间的冲突。尤其是近半个世纪以来，全球生态环境不断恶化的问题愈发突出，世界各国对环境保护的关注程度与日俱增，环境保护一跃成为新型热门产业。在这种大环境下，特色产业发展也要满足保护生态环境的要求。区域总体发展最终的结果会受到其生存环境的区位、质量、范围，以及是否能够满足今后发展要求等种种条件的影响。所以，区域规划就是合理安排空间发展方式与时序，使资源配置和利用获得的综合效益最大化。

经济全球化形势下，区域规划已经不仅仅是解决自身问题，更加注重的是提升优化和组合空间要素，增强自身竞争力从而吸引更加优质的要素加入，进而扩展自身发展空间。文化是区域发展的重要精神动力，文化底蕴深厚，区域发展才有可持续性。特色产业的竞争主要表现在创新能力的高低上，创新能力竞争具体指创新意识、区域制度环境都包含在内的更广泛的竞争。所以，评价区域内特色产业的持续发展能力、竞争力，关键要比较其文化资源底蕴、文化环境的差异。想要营造浓郁的文化氛围，提升区域文化品位，就要着力开发当地历史文化，建设富有特色的区域特色历史文化，为优秀人才、优质要素提供优越的平台，以此推动当地特色产业向前持续发展。

2.4.3　劳务经济发展

将农村劳动力在家庭以外从业或从事非农产业的经济活动称为劳务经济，劳动力层层转移中诞生了劳务经济。劳动力是一个产业得到发展的必不可缺的条件之一，没有劳动力的投入，产业必定得不到良好的发展。近些年来，县域间劳动力转移出现了显著变化，比如劳动力转移的规模不仅逐渐变大，而且以高文化素质的青壮年为主。配第-克拉克理论之后，库兹涅茨在其基础上向前延伸了一步，认为劳动力与国民收入会在产业分布结构中呈现如下演变趋势：伴随经济发展时间向后推移，农业部门实现的国民收入在整体国民收入之间的比重与农业劳动力在全体劳动力中的比重都会下降；工业部门劳动收入占比增加，但劳动力占比略有上升或不变；服务部门的劳动收入比重会上升，但劳动力占比并不与之同步上升。这些理论都是特色产业发展进程中必须着重考虑的因素。

2.4.4　生产组织化、标准化和规范化

特色产品属于名优特稀产品，主要迎合较高消费水平人群市场。随着发展需要，特色产业出于对产品品质优良、质量统一的要求，对生产技术以及生产流程规模化、标准化、规范化的要求会越来越高。

农业科技园区已经成为地方农业发展和农业创新的重要一环。虽然现在国内农业科技园区仍处于发展摸索阶段，尽管有些地区的农业科技园区已经成为当地特色产业发展的支柱性力量，但仍广泛存在发展水平良莠不齐的问题，所以农业科技园区在引进技术人才、资金投入等方面享受着很多优惠政策。龙头企业不仅聚集了大量优质经济要素，在生产规模化、专业化、技术开发以及品牌树立等方面都具备显而易见的优势。龙头企业要做到面向内部联合农户、提高产品附加值、推广高效优质的产品服务理念，面向外部与国际接轨，以此带动特色产业发展，甚至对于一些发展落后地区，龙头企业就是当地经济发展的顶梁柱。除此之外，在市场经济环境下，特色产业生产基地特有的资源，会更加吸引资本投入、人才流入以及先进技术引入。将来，

特色产业发展的紧要关头就是加强产业基地资源开发，以优越的建设环境、高端的人才团队为市场及产品竞争的优势。

2.4.5 科技创新体系建设

城乡经济发展离不开科技创新，近些年来，国内许多省市将科技创新作为特色经济加速发展工作中至关重要的一环，从制度机制、体系建设、建造平台等方面入手，采用政策激励方式，为县域经济创新打造良好的环境，不断增强科技引领发展的能力。

科技创新体系是以特色产业科研为出发点，以特色产品推广为桥梁，以人才为核心，特征是将高新技术产业化的整体创新体系；是在其指定县域范围内，主要与特色产业创新相关，并将创新落实的机构组织；是以提高特色产业创新能力与效力为服务目标的体系。在这样的科技创新体系中，制度、政策与环境等条件相配合，技术、人才、资金等要素协同发挥作用，从而实现这些主体之间良好的沟通合作和对科技资源高效聚集合理配置，最终推动特色产业进步。构建科技创新体系首先需要建立特色产业高新技术基地，将科技成果落实到产业化，引领特色产业经济发展，进而促成广泛推广特色产业科学技术，还需要结合当前特色产业发展新的形势与要求、周边地区特色产业发展新局面，最终才能打造出特色产业科技创新的新体系。

3 | 河北省特色产业总体发展情况介绍

乡村振兴战略为河北特色产业发展带来机遇，脱贫攻坚为河北因地制宜发展特色产业创造了契机。河北省通过系列措施发展壮大特色产业，推进产业扶贫，为特色产业发展创造了契机。同时，虽然河北省水资源严重匮乏，利用率不高，多地实施地下水压采致使特色产业中蔬菜、水果均等高耗水作物的发展受到一定程度的制约，尤其是黑龙港流域等地下水漏斗区以及坝上等地蔬菜、水果产业受到一定程度影响，但这同时也给耐旱的特色杂粮产业发展带来机遇。

3.1 政策支持

3.1.1 国家层面相关政策

(1) 2017 年《中共中央 国务院关于深入推进农业供给侧结构性改革加快培育农业农村发展新动能的若干意见》

2017 年中央 1 号文件《中共中央 国务院关于深入推进农业供给侧结构性改革 加快培育农业农村发展新动能的若干意见》公布。该意见结合农业提质增效要求提出要进一步优化农业产业结构，涉及粮食、经济作物、饲料作物等种植结构的进一步协调统筹。遵循在保证粮食生产稳定的前提下，进一步优化经济作物、增加饲料作物的原则，推进形成适应当前形势要求的粮经饲种植结构。除优势区域之外，对籽粒玉米（玉米三大类型：籽粒玉米、青贮玉米、鲜食玉米）的生产进一步继续合理调减，同时提倡扩大大豆、薯类以及杂粮杂豆等的种植规模。对养殖业要从规模和产业发展质量等多角度继续推进，将杂粮产业、特色养殖业纳入针对优势特色农业的提质增效方案，关注区域性特色产品和小品种产品，通过做大做强产业提升农民收益。

从文件要求可以看出，推动各类特色种植业发展和进一步调减籽粒玉米种植面积相对应；养殖业的发展要从扩大产业规模和提高效益角度得到综合提升；对特色产业的发展，要在保证和提升产品品质及安全的基础上，充分利用其地域优势，做大的同时提质增效；针对特色农产品生产，要加快标准化、规范化建设；农产品品牌建设中要推动和加强地标产品发展、通过发展区域农产品公用品牌引领农产品品牌建设，做好品牌推广，提升影响力。当然，各地发展农业特色产业，要充分结合地域因素、资源禀赋及产业发展实际，充分考虑政府信息服务体系和地方相关政策引领量身定制。

（2）2017 年《特色农产品优势区建设规划纲要》

2017 年 10 月，国家发展改革委、农业部、国家林业局联合印发了《特色农产品优势区建设规划纲要》，结合地方农产品特优区建设，（以下简称"特优区"），鼓励发展区域性特色产品和小品种产品，通过做大做强产业提升农民收益，形成具有区域优势的地方特色农业产业。

该纲要提出鼓励发展区域性特色产品和小品种产品。因我国各地区资源禀赋差异显著，各地特色农产品品质、特性甚至功能使其在需求领域享有较高的声誉。结合目前农业供给侧改革、产业结构调整以及农业绿色生产可持续发展等时代背景，在今后相当长的一段时间，结合农业特色产业优势区建设，将特色产品和小品种产品做大做强，以实现提高农村居民收入、促进贫困地区经济发展的同时提升我国农业的竞争力。对于农业特色产业优势区的建设，以市场需求和产业绿色可持续发展为指导，以产业效益提升和农村居民收入提高为目标，进一步实现产业标准化和规范化，培育新型经营主体、提升品牌知名度，精心创建兼容历史文化、特色突出的特色农业优势区，同时建立可持续机制使农村居民能够合理参与三产融合收益分配，实现特优区产业辐射带动农民持续受益。

该纲要明确提出，国家级特色产业优势区建设的程序采用"动态管理、能进能退"的原则以及"创建-认定"的流程，强化产业特色和产业优势，综合评估创建地区基础条件具备情况，在此基础上按照认定标准提升产业发展水平，最后进行评价认定，认定后定期考核，考核不达标的情况下需撤销原定的特优区名称。文件要求各地提高关注，积极落实特色农业优势区建设和特色农业产业提质增效工作，同时特优区建设中要大力协调和组织好区域内相关经营主体以及农民个体积极参与，推动特优区协调机制建设，以此作为解决三农问题的关键点和重要抓手。

(3) 2018 年开展《农业综合开发扶持农业优势特色产业规划（2019—2021 年)》编制工作

2018 年 1 月，国家农业综合开发办公室为贯彻落实乡村振兴战略要求，决定开展《农业综合开发扶持农业优势特色产业规划（2019—2021 年)》编制工作。提出之前的《农业综合开发扶持农业优势特色产业规划（2016—2018 年)》紧密结合有关政策依据，科学设计规划农业特色产业布局及优势区项目，保障措施合理有效，有力地推动了农村各类新型经营主体发展及产业融合升级，为特优区建设及三农问题的有效解决提供了重要的思路。新的规划是 2019—2021 年农业综合开发支撑特优区特色产业发展的依据和行动指南，为后续有关政策的出台提供重要参考的同时也为特优区农业综合开发项目强化管理提供了参考。推进农业特色产业发展要将项目确立与规划相协调，应严格从该规划所列产业中优先选择确立相应的扶持或补贴项目，超出范畴不支持立项。

第一，基本原则方面：遵循经济社会发展和产业发展的基本规律，以市场需求为产业发展方向；结合三产融合建立企农利益联结机制，保障农民稳定增收；关键节点重点扶持同时兼顾全产业链发展；加大科技创新支持力度，多方协作促进特色产业发展；大力培育新型经营主体，加快推进特色农业产业集群发展；将确保产业发展质量作为首要目标，以绿色、生态驱动产业高质量发展。

第二，指导思想方面：结合地域资源要素特征，以推进乡村振兴为根本出发点，以实现产业兴旺、农村发展、农村居民增收等为目标，结合市场发展方向，借助各项财政支持吸纳不同领域资金更多地融入农业优势特色产业发展项目，进一步推动农业供给侧结构性改革，加快培育专业大户、家庭农场、农民合作社、农业企业等各类新型经营主体，进一步全面推进现代农业产业体系建设和三产融合发展，逐步提升农业现代化、规模化、集约化、生态化水平。

第三，发展目标方面：结合对专业大户、家庭农场、农民合作社、农业企业等各类新型经营主体的重点培育和扶持，率先推动一批农业优势特色产业集群建设，做大做强一批区域农业优势特色产业，使国家农业优势特色产业发展水平得到明显提升，使相关产业项目投入资金使用效率明显提升。

从文件可以看出，规划中涉及的农业产业要兼顾突出特色与优势两个方面，首先，对于突出农业特色而言，要从产品品质、特性等角度综合考虑当地的资源禀赋和特色要素，系统评价产业发展现状及未来面临的机遇挑战与优势等。优势特色产业类别包括：粮食、油料、糖类、蔬菜（含食用菌）、饮料（咖啡、茶叶）、水果、花卉、纤维、中药材、畜类、禽类（含蜂产品）、水产、林特产业等（本文中的特色产业范围为特指河北省范围内的特色种植业）。对于具体各地的农业优势特色产业的选择和规划建议详细到品种，鼓励各地打造一县一业发展格局。

(4) 2018 年《关于实施农村一二三产业融合发展推进行动的通知》

2018 年 6 月，农业农村部下发《关于实施农村一二三产业融合推进行动的通知》，提出农村三产融合发展的基本思路。结合系列政策推进、优质经营主体为引领以及以项目为抓手，大力促进生态循环农业精深发展，保障农业生产进一步提质增效，为农村三产融合发展提供资源要素。协调兼顾各个不同环节生产链条完善的同时引导生产向精深方向延伸，从而促进一二产业有效融合。将三产融合从日益成熟的乡村旅游、电子商务、物流领域等扩展到金融服务、休闲农业等融合新模式，创新引领三产融合在规范发展的前提下，向多主体、多业态、多模式等延伸。以上均为农业特色产业结合农村三产融合发展提供了进一步的政策依据。

(5) 2019 年《关于坚持农业农村优先发展做好"三农"工作的若干意见》

中共中央、国务院 2019 年 1 月公布《关于坚持农业农村优先发展做好"三农"工作的若干意见》提出，结合各地地域特色积极发展水果、蔬菜、杂粮杂豆等系列农业特色产业，支持建设一批特色农产品优势区。同时，提出要大力发展乡村特色加工业，如创新发展具有历史文化和区域特色的农村手工业，深入发掘农村民间技术能人，发展一定数量的农村家庭工场、手工作坊等。对特色农产品质量标准进一步健全和完善，提升有关地理标志产品的数量和质量，注重特色农产品品牌建设，进一步提升具有乡土特色的特色农产品品牌影响力。

（6）2019 年《关于促进乡村产业振兴的指导意见》

2019 年 6 月国务院印发《关于促进乡村产业振兴的指导意见》，文件从创新财政和金融支持以及投入机制、合理引导工商资本有序入乡、进一步提升农业产业的发展条件等角度提出要进一步完善各项政策措施；通过提升乡村种养业现代化水平、对乡村特色产业提质增效、促进加工流通业健康发展等大力发展乡村产业、突出优势特色；要结合县域经济统筹发展，融合村、镇产业联动，协调布局，逐步形成一定的镇域产业集群；结合农业可持续发展，提出发展绿色农业，完善相关质量标准体系，通过提升品质拓展农产品品牌影响力；结合农业资源提升产业扶贫能力，结合乡村创新创业、融入科学技术创新动能；文件再次提出要促进农村三产融合发展，完善和保障利益联结机制促增进农民增收，以多主体、多产业、多业态形成产业融合基础。

（7）2020 年《全国乡村产业发展规划（2020—2025 年）》

2020 年 7 月，农业农村部印发《全国乡村产业发展规划（2020—2025 年）》。该规划明确了乡村产业发展的重点任务，提出到 2025 年，农产品加工业营业收入达 32 万亿元。拓展乡村特色产业。培育一批产值超百亿元、千亿元优势特色产业集群。以拓展二三产业为重点发展全产业链，建设"一村一品"示范村镇、农业产业强镇、现代农业产业园和优势特色产业集群，构建乡村产业"圈"状发展格局，培育知名品牌，深入推进产业扶贫。

农林牧渔专业及辅助性活动产值达 1 万亿元，农产品网络销售额达 1 万亿元。我国三农发展潜在空间巨大，农村发展包括农业现代化、新农村建设、农民工市民化和特色小镇建设。

文件提出通过完善产业结构、优化空间布局、促进产业升级进一步提升农产品加工业；乡村特色产业是乡村产业的重要组成部分，是地域特征鲜明、乡土气息浓厚的小众类、多样性的乡村产业，涵盖特色种养、特色食品、特色手工业和特色文化等，发展潜力巨大，要通过构建产业链、推进聚集发展、培育知名品牌拓展乡村特色产业，深入推进产业扶贫；通过聚焦重点区域、注重品质提升、打造精品工程、提升服务化水平实现乡村休闲旅游业的优化。文件还提出要多举措发展乡村新型服务业、推进农业产业化和农村产业融合发展、推进农村创新创业等。

(8) 2021 年《中共中央　国务院关于全面推进乡村振兴　加快农业农村现代化的意见》发布

2021 年 1 月，中央 1 号文件《中共中央　国务院关于全面推进乡村振兴　加快农业农村现代化的意见》，这一文件既谋当前又谋长远，对实现巩固脱贫攻坚成果和乡村振兴有机衔接、加快推进农业现代化、大力实施乡村建设行动等进行了细致部署，展现了新时期乡村振兴和三农发展新图景，脱贫摘帽不是终点，而是新生活、新奋斗的起点。巩固拓展脱贫攻坚成果，做好同乡村振兴有效衔接，是当前和"十四五"时期三农工作最重要的任务。文件同时提出，依托乡村特色优势资源，打造农业全产业链，让农民更多分享产业增值收益。

文件及相关内容见表 3-1。

表 3-1　近年国家层面特色农业产业相关政策

出台时间	名　称	相关内容
2017 年 2 月	《中共中央　国务院关于深入推进农业供给侧结构性改革　加快培育农业农村发展新动能的若干意见》	做大做强优势特色产业。实施优势特色农业提质增效行动计划，促进杂粮杂豆、蔬菜瓜果、茶叶蚕桑、花卉苗木、食用菌、中药材和特色养殖等产业提档升级，把地方土特产和小品种做成带动农民增收的大产业。大力发展木本粮油等特色经济林、珍贵树种用材林、花卉竹藤、森林食品等绿色产业。实施森林生态标志产品建设工程。开展特色农产品标准化生产示范，建设一批地理标志农产品和原产地保护基地。推进区域农产品公用品牌建设，支持地方以优势企业和行业协会为依托打造区域特色品牌，引入现代要素改造提升传统名优品牌。
2017 年 10 月	《特色农产品优势区建设规划纲要》	明确了特色产业优势区建设分国家和省级两个层级，重点部署国家级特优区的创建、认定与管理工作，选择了 29 个重点品种（类），分别明确创建区域，规划到 2020 年，创建并认定 300 个左右国家级特优区；省级特优区由各省自行创建、认定，制定相应的管理办法。特优区建设要求按照填平补齐的原则，重点建设和完善"三个基地"（标准化生产基地、加工基地、仓储物流基地）、"三个体系"（科技支撑体系、品牌建设与市场营销体系、质量控制体系）和"一个机制"（建设和运行机制）。

（续）

出台时间	名　　称	相关内容
2018 年 1 月	开展《农业综合开发扶持农业优势特色产业规划（2019—2021 年）》编制工作	2019—2021 年规划要围绕实施乡村振兴战略，通过财政补助、贷款贴息等方式，撬动金融资本和社会资本更多投向农业优势特色产业，培育壮大一批新型农业经营主体，着力打造一批农业优势特色产业集群，做大做强一批区域农业优势特色产业。到 2021 年，每个农业综合开发县形成 1～2 个农业优势特色产业，每个省形成若干个产业体系、生产体系、经营体系较为完善的规模化农业优势特色产业和产业集群。每个县（市、区）规划的优势特色产业类别不超过 2 个，其中直辖市、计划单列市、海南省、新疆生产建设兵团、黑龙江省农垦总局、广东省农垦总局的县（市、区、师、分局）确定的优势特色产业类别不超过 3 个。
2018 年 6 月	《关于实施农村一二三产业融合发展推进行动的通知》	创业创新促进融合、完善机制带动融合，发展产业支撑融合；引导农村一二三产业跨界融合、紧密相连、一体推进，形成农业与其他产业深度融合格局，催生新产业新业态新模式，拓宽农民就业增收渠道。
2019 年 1 月	《关于坚持农业农村优先发展做好"三农"工作的若干意见》	因地制宜发展多样性特色农业，倡导"一村一品""一县一业"。积极发展果菜茶、食用菌、杂粮杂豆、薯类、中药材、特色养殖、林特花卉苗木等产业。支持建设一批特色农产品优势区。发展乡村新型服务业。充分发挥乡村资源、生态和文化优势，发展适应城乡居民需要的休闲旅游、餐饮民宿、文化体验、健康养生、养老服务等产业。
2019 年 6 月	《关于促进乡村产业振兴的指导意见》	一是突出优势特色，培育壮大乡村产业。二是科学合理布局，优化乡村产业空间结构。三是促进产业融合发展，增强乡村产业聚合力。四是推进质量兴农绿色兴农，增强乡村产业持续增长力。五是推动创新创业升级，增强乡村产业发展新动能。六是完善政策措施，优化乡村产业发展环境。
2021 年 1 月	《中共中央　国务院关于全面推进乡村振兴加快农业农村现代化的意见》	依托乡村特色优势资源，打造农业全产业链，把产业链主体留在县城，让农民更多分享产业增值收益。加快健全现代农业全产业链标准体系，推动新型农业经营主体按标生产，培育农业龙头企业标准"领跑者"。立足县域布局特色农产品产地初加工和精深加工，建设现代农业产业园、农业产业强镇、优势特色产业集群。

3.1.2　地方层面相关政策

（1）2019 年《关于加快推进中医药产业发展的实施意见》

2019 年 4 月，河北省委办公厅、省政府办公厅联合印发《关于加快推进中医药产业发展的实施意见》，根据河北省中医药资源分布、中药材种植、中药工业、中药商贸流通、相关健康产业等发展现状，以及中医药产业面临的形势和任务，河北省将重点实施六项工程，以促进中医药产业全面发展，实现跨越提升。根据河北中医药产业发展现状以及面临的形势和任务，坚持保护发展并重、产业协同推进、科技创新驱动、政府市场联动和质量标准引领等5项基本原则，突出全链条推进，重点实施"六大工程"27项具体工作。

该实施意见同时还提出，实施中药材种植提质增效工程，着力打造中药材种植"两区三带"，实施中药工业现代工程，壮大石家庄和安国中医药产业集群，培育中药大品种；实施安国中药都综合实力提升工程，铸牢安国"千年药都"金字招牌，打造全国领先的中药材集散地；建立中药材保税仓，争取中药材出口保税区，建成全国最大的中药材、中药饮片和中药材提取物出口创汇示范区；在加大中医药政策扶持力度方面，该意见强调，要支持各级各类医疗机构加大冀产大宗道地中药产品的采购使用。设立专项基金投资中医药产业发展重点潜力项目。此外，该实施意见还涉及实施中医药健康服务工程、中医药健康养老工程、中医药创新发展工程等，同时配套制定了《重点工作责任清单》，明确了目标要求、工作举措、完成时限以及责任部门，确保工作落实到位。

(2) 2019 年《关于坚持农业农村优先发展扎实推进乡村振兴战略实施的意见》

2019 年 3 月河北省委、省政府出台《关于坚持农业农村优先发展扎实推进乡村振兴战略实施的意见》，提出着力提升农业产业科技含量、提升产业发展质量及品牌影响力，做大做强特色产业。落实"一减四增"要求，按照大产业抓小品种、新产业抓大基地、老产业抓新提升、强产业抓固根基的思路，优化布局、突出特色、连片开发、规模发展。要大力发展现代都市型农业和特色高效农业，加快建设京津冀绿色优质农产品供给基地。立足得天独厚的自然资源优势，选准特色产业、延伸产业链条、做响农业品牌、加强技术创新、激发产业活力，走差异化发展路子，着力提高农业发展质量和效益。文件同时提出推动农业特色产业市场、物流等拓展省级，培育发展乡村新产业新业态，在一二产业发展的基础上，借助乡村地域资源优势，进一步发展第三产业，支持发展乡村特色手工业，鼓励人才返乡创业；对农业特色产业发展先进县、现代农业精品园区、特色优势农产品予以奖补。

(3) 2019 年《河北省做大做强农业优势特色产业行动方案（2019—2022 年）》

2019 年 8 月，农业供给侧结构性改革工作领导小组办公室印发《河北省做大做强农业优势特色产业行动方案（2019—2022 年）》按照方案，省级重点抓好 7 大类 24 种优势特色产业。其中，特色粮油产业方面，在稳定提高粮食产能基础上，实施专用品种替代普通品种、特色粮油替代籽粒玉米。特色蔬菜产业方面，培育县域主导产品，推动蔬菜县域单品化、规模化、周年化发展，推动形成区域特色，2019 年优质蔬菜种植面积发展到 434 万亩*。特色中药材产业方面，以优势道地和药食同源品种为重点，扎实推进太行山、燕山两大中药材产业带建设，发展安国、巨鹿和坝上三大片区。特色水果产业方面，推动梨、葡萄等传统优势水果基地改造提升，扩大优质苹果、桃等果品高质量发展，2019 年优质水果种植面积发展到 660 万亩。

通过建设绿色基地，促进特色农业绿色发展；培育特色品牌，打造特色农业亮丽名片，打造"冀"字号优势、优质、优价农业特色产业；通过构建特色产业生产标准体系，严格标准控制，培育特色高端农产品；结合现代农业园区建设，通过延伸和提升产业链条，推动特色农业融合发展；大力培育专业大户、家庭农场、农民合作社等新型主体，培育壮大特色产业经济实体，增强其产业发展带动能力。方案还提出了优势畜禽产业、奶类产业、渔业等特色产业的发展方向、目标和思路。同时特别强调实施科技创新，提升特色农业科技含量，通过科技创新进一步实现产业提质增效，如支持研发推广生态高效种养技术、绿色优质新品种。

(4) 2020 年《关于加强农业农村标准化工作的实施方案》

2020 年 4 月，河北省市场监管局、省农业农村厅联合印发《关于加强农业农村标准化工作的实施方案》。根据该实施方案，到 2022 年，各级政府和有关部门建立健全农业农村标准化协调推进机制和工作体系，基本建成支撑乡村振兴的农业全产业链标准体系，主持或参与制修订农业类国家标准、行业标准 50 项以上，制修订农业农村类地方标准 200 项以上。到 2035 年，农业农

---

* 亩为非法定计量单位，1 亩＝1/15 公顷。

村标准化体制机制和工作体系更加健全,支撑乡村振兴的标准体系、标准实施推广体系和标准化服务体系更加完善,农业农村标准实施和监督机制更加有效。

方案提出,构建全要素、全链条、多层次的现代农业全产业链标准体系,分行业、分区域、分链条构建结构合理、协调配套的标准体系。建立农业标准化示范推广体系,结合地方优势特色产业,加强农业标准化示范项目建设。强化标准实施,全面推行农业标准化生产,加强农业基础设施建设标准化工作。要求以标准化促进农业农村绿色发展,加强绿色农产品标准化生产,推动绿色生态农业标准化,推进农村人居环境整治标准化,推进农业农村绿色发展标准化试点示范建设。推动农村文化标准化建设,加强农村公共文化服务和农村科普标准化研究,探索建立重要农业农村文化遗产传承标准化保护机制。夯实乡村治理和农村民生领域标准化基础,落实农业农村综合改革政策措施和法律、法规,贯彻农村就业服务、教育、医疗卫生、养老、防灾减灾等方面的国家标准、行业标准,及时制定相关地方标准,选择基础较好的县、镇、村,开展乡村治理、农村民生领域、新型城镇化标准化示范试点建设。扎实推进标准化助力精准扶贫工作,围绕贫困识别、精准帮扶、资金项目管理、脱贫保障等环节,探索研究和制定精准扶贫标准,加强贫困地区农业产业结构分类研究,安排一批特色农产品生产标准化项目。

根据该实施方案,河北将加强农产品品牌标准化工作,引导农业企业和新型农业经营主体开展绿色食品、有机农产品认证,强化地理标志农产品培育保护,打造一批影响力大、竞争力强、带动明显的农产品"河北品牌",到2022年,"两品一标"达到1 350个以上,区域公共品牌数量达到150个以上。

文件及相关内容见表3-2。

表3-2 近年河北省特色农业产业相关政策

出台时间	名 称	相关内容
2019年4月	《关于加快推进中医药产业发展的实施意见》	提出到2020年全省中医药产业总规模超过880亿元,到2025年超过1 700亿元,培育壮大经济发展新动能。打造中药材种植"两带三区"(燕山产业带、太行山产业带、冀中平原产区、冀南平原产区和坝上高原产区),深入开展中药材种植标准化基地建设。深入推进黄芩、黄芪、八大祁药等河北道地中药材"三标一品"认证,打造绿色道地"冀药"品牌。指导贫困县编制大宗、道地中药材种植目录,因地制宜、科学合理布局中药材扶贫产业。

（续）

出台时间	名　　称	相关内容
2019 年 3 月	《关于坚持农业农村优先发展扎实推进乡村振兴战略实施的意见》	树立大农业观、大食物观，围绕服务京津冀协同发展、雄安新区规划建设和 2022 年北京冬奥会筹办，大力发展现代都市型农业和特色高效农业，加快建设京津冀绿色优质农产品供给基地。2019 年调减非优势区高耗低效粮食作物 200 万亩。扩大优势蔬菜、优质果品、道地中药材、特色食用菌、高油酸花生、高油高蛋白大豆、花卉苗木、饲草饲料等种植面积，重点打造 27 条特色产业带、100 个特色农产品优势区、100 个省级现代精品园区。
2019 年 8 月	《河北省做大做强农业优势特色产业行动方案（2019—2022 年）》	提出到 2022 年，全省农业特色产业得到快速发展，特优区创建保持全国领先，国家级特色农产品优势区达到 10 个，省级特色农产品优势区达到 120 个。特色产业科技服务体系基本建立，科技成果转化率达到 60% 以上，标准化生产覆盖率由 57% 提高到 75% 以上。适宜区 80% 以上的农户加入合作社，产业链条得到完善，产品市场竞争力和带动农民增收能力明显增强。
2020 年 4 月	《关于加强农业农村标准化工作的实施方案》	到 2020 年，初步建立起包括种植业、林草业、特色产业、畜牧业、渔业、农业机械化、农村管理等 7 个产业链标准子体系，促进形成具有精细化专业分工、无缝衔接的新型农业全产业链；到 2022 年，新建国家级标准化示范试点 10 个以上，省级标准化示范试点 20 个以上畜禽养殖标准化示范场 25 个以上；推动特色农产品优势区、现代农业园区"菜篮子"大县、水产健康养殖示范县、农产品质量安全县、标准化示范场（区、基地），以及龙头企业、家庭农场和农民专业合作社等规模生产经营主体实施标准化生产。

3.2　总体发展情况

　　近年来，河北省特色产业得到进一步高质量发展，尤其是 2016 年以来，政府尤其重视特色产业的发展。河北省政府不断调整产业结构，加大对低成本、高效益的特色产业的投入，减少对高消耗，低产能特色产业的投入。配合供给侧改革，生产具有区域特色的优质食用作物以及效益高的特色技术作物。同时保障粮食产量、粮食面积稳步增长。此外，注重特色农产品绿色生态发展，产业规模及布局日益完善，标准化生产及品牌培育效果初显，特色产业的发展在乡村振兴以及产业扶贫中发挥的作用日益凸显。河北省目前有特色蔬菜、特色中药材等 24 个特色产业。河北省特色产业发展过程中，以市场需求为导向，不断优化资源配置，最大限度地整合利用各种优势资源，不断提高产业规模，促进产业链的延伸以及优化升级，打造特色产业链，逐步实现标准化生产。同时，要有足够的安全意识，从生产到加工再到消费每个环节都要建立追溯体系，保障特色产业安全发展。特色产业在发展过程中，可以在区域内培养骨干产业，以新业态拉动经济增长。

3.2.1 产业发展持续壮大，特优区建设初具规模

"十三五"期间，河北省特色产业中种植面积持续保持一定程度的增长，截至 2020 年底，面积在 2 600 万亩左右，比"十二五"期间增长近 10%。目前，蔬菜产业种植面积在 1 300 万亩左右、水果产业种植面积在 820 万亩左右、中药材 150 万亩左右，此外还有一定栽培规模的食用菌、棉花等。2020 年总产 6 800 万吨，和 2015 年相比增加了近 2%。特色产业在引领乡村产业振兴高质量推进的同时，在三农中的地位日益突出。

河北省重点打造特色优质品牌，这些产业大多具有良好的生产基础，且发展态势较好，产品有其独特的市场竞争优势，产业链发展比较完善，在此基础上，逐步建立省级特色农产品优势区。促进产业形成规模化、标准化生产，重视生产、加工乃至储藏各环节的工作，不断加强科技创新，促进品牌效应的形成，做好技术、品牌、市场、质量四方面的工作，打造具有地域特色的现代化农业园区。除此之外，河北省要在各个市建立至少一个特色农产品优势区。充分发挥各地不同的特色优势资源，逐步形成特色产业，产生品牌效应，使其成为促进本地经济增长的优势产业，成为促进农民摆脱贫困，更加富裕的支柱产业之一。到 2020 年底，河北省已经有 140 个省级特色农产品优势区被确立，不仅如此，还有 17 个被选为国家级特色农产品优势区（表 3-3、表 3-4）。在今后的发展中，河北省将依托优势先天特色资源以及已有的产业基础，进一步发展特色产业，促进产业优势区的建立，促进具有区域特征的产业集群的形成，巩固乡村振兴战略。

表 3-3　河北省全国特色农产品优势区统计表

序号	特色农产品优势区所在地	特色农产品优势区名称	确立时间	批次
1	平泉市	平泉市平泉香菇中国特色农产品优势区	2017 年	第一批
2	鸡泽县	鸡泽县鸡泽辣椒中国特色农产品优势区	2017 年	第一批
3	迁西县	迁西县迁西板栗中国特色农产品优势区	2017 年	第一批
4	怀来县	怀来葡萄中国特色农产品优势区	2019 年	第二批
5	内丘县	内丘富岗苹果中国特色农产品优势区	2019 年	第二批
6	安国市	安国中药材中国特色农产品优势区	2019 年	第二批
7	涉县	涉县核桃中国特色农产品优势区	2019 年	第二批
8	晋州市	晋州鸭梨中国特色农产品优势区入选	2019 年	第二批
9	兴隆县	兴隆山楂中国特色农产品优势区	2020 年	第三批
10	隆化县	隆化肉牛中国特色农产品优势区	2020 年	第三批
11	巨鹿县	巨鹿金银花中国特色农产品优势区	2020 年	第三批
12	深州市	深州蜜桃中国特色农产品优势区	2020 年	第三批
13	宽城满族自治县	宽城板栗中国特色农产品优势区	2020 年	第四批
14	辛集市	辛集黄冠梨中国特色农产品优势区	2020 年	第四批
15	遵化市	遵化香菇中国特色农产品优势区	2020 年	第四批
16	昌黎县	昌黎葡萄中国特色农产品优势区	2020 年	第四批
17	邢台市信都区、内丘县	邢台酸枣中国特色农产品优势区	2020 年	第四批

表 3-4　河北省特色农产品优势区统计表

市（区）	第一批特色农产品优势区	第二批特色农产品优势区	第三批特色农产品优势区
张家口	怀来葡萄特色农产品优势区、崇礼彩椒特色农产品优势区、万全鲜食玉米特色农产品优势区、察北奶牛特色农产品优势区、阳原驴特色农产品优势区、张北马铃薯（种薯）特色农产品优势区、塞北奶牛特色农产品优势区、蔚县杏扁特色农产品优势区、尚义燕麦特色农产品优势区、沽源花椰菜特色农产品优势区	蔚县小米特色农产品优势区、涿鹿葡萄特色农产品优势区、康保荞麦特色农产品优势区、阳原鹦哥绿豆特色农产品优势区、塞北马铃薯特色农产品优势区	沽源藜麦特色农产品优势区、张北甜菜特色农产品优势区、蔚县知母特色农产品优势区、张北燕麦特色农产品优势区、元氏石榴特色农产品优势区、涿鹿杏扁特色农产品优势区、宣化张杂谷特色农产品优势区
保定	安国中药材特色农产品优势区、满城草莓特色农产品优势区、清苑西瓜特色农产品优势区	阜平香菇特色农产品优势区	望都辣椒特色农产品优势区、易县磨盘柿特色农产品优势区、蠡县麻山药特色农产品优势区

市（区）	第一批特色农产品优势区	第二批特色农产品优势区	第三批特色农产品优势区
承德	平泉香菇特色农产品优势区、隆化肉牛特色农产品优势区、滦平中药材特色农产品优势区、围场马铃薯（种薯）特色农产品优势区、丰宁小米特色农产品优势区	兴隆山楂特色农产品优势区、围场胡萝卜特色农产品优势区、隆化中药材特色农产品优势区、平泉黄瓜特色农产品优势区、承德县食用菌特色农产品优势区	宽城香菇特色农产品优势区、平泉寒地苹果特色农产品优势区、围场中药材特色农产品优势区、承德县国光苹果特色农产品优势区、兴隆板栗特色农产品优势区
邢台	内丘富岗苹果特色农产品优势区、巨鹿金银花特色农产品优势区、清河山楂特色农产品优势区、邢台县酸枣仁特色农产品优势区、威县威梨特色农产品优势区、南和强筋小麦特色农产品优势区、平乡油葵特色农产品优势区	邱县红薯（食用）特色农产品优势区、内丘酸枣仁特色农产品优势区、南和宠物食品特色农产品优势区、沙河红薯（淀粉用）特色农产品优势区、临城核桃特色农产品优势区、邢台县浆水苹果特色农产品优势区、柏乡强筋小麦特色农产品优势区	邢台市任泽区十字花科蔬菜特色农产品优势区、隆尧强筋小麦特色农产品优势区、南宫黄韭特色农产品优势区、宁晋羊肚菌特色农产品优势区、邢台市信都区板栗特色农产品优势区、威县葡萄特色农产品优势区
邯郸	鸡泽辣椒特色农产品优势区、涉县核桃特色农产品优势区、武安小米特色农产品优势区、馆陶黄瓜特色农产品优势区、永年大蒜特色农产品优势区、曲周蔬菜（种苗）特色农产品优势区、涉县柴胡特色农产品优势区、魏县鸭梨特色农产品优势区	成安草莓特色农产品优势区、馆陶艾草特色农产品优势区、曲周小米特色农产品优势区	邯郸市经开区叶菜特色农产品优势区、大名花生特色农产品优势区、馆陶黑小麦特色农产品优势区、涉县连翘特色农产品优势区、肥乡番茄特色农产品优势区、曲周甜叶菊特色农产品优势区
秦皇岛	昌黎旱黄瓜特色农产品优势区、卢龙甘薯特色农产品优势区、昌黎海参特色农产品优势区	山海关大樱桃特色农产品优势区、青龙北苍术特色农产品优势区	昌黎春季马铃薯特色农产品优势区、青龙板栗特色农产品优势区
唐山	迁西板栗特色农产品优势区、玉田包尖白菜特色农产品优势区、遵化香菇特色农产品优势区、滦州花生特色农产品优势区、曹妃甸河鲀鱼特色农产品优势区、迁西栗蘑特色农产品优势区、乐亭设施桃特色农产品优势区	乐亭甜瓜（薄皮）特色农产品优势区、遵化油鸡特色农产品优势区、玉田甲鱼特色农产品优势区、丰润生姜特色农产品优势区	遵化板栗特色农产品优势区、滦南肉鸡特色农产品优势区
沧州	青县羊角脆甜瓜特色农产品优势区、黄骅冬枣特色农产品优势区、泊头鸭梨特色农产品优势区、黄骅梭子蟹特色农产品优势区	献县金丝小枣特色农产品优势区、献县肉鸭特色农产品优势区	泊头桑葚特色农产品优势区、黄骅苜蓿特色农产品优势区、黄骅南美白对虾特色农产品优势区、肃宁肉鸭特色农产品优势区

（续）

市（区）	第一批特色农产品优势区	第二批特色农产品优势区	第三批特色农产品优势区
衡水	深州蜜桃特色农产品优势区、饶阳设施葡萄特色农产品优势区	饶阳设施蔬菜特色农产品优势区、阜城高粱特色农产品优势区、武邑红梨特色农产品优势区、安平生猪特色农产品优势区、故城肉鸡特色农产品优势区	武强奶牛特色农产品优势区、深州黄冠梨特色农产品优势区、阜城西瓜特色农产品优势区
石家庄	晋州鸭梨特色农产品优势区、赵县雪花梨特色农产品优势区、藁城强筋小麦特色农产品优势区、行唐大枣特色农产品优势区、赞皇大枣特色农产品优势区	赞皇蜜蜂特色农产品优势区、新乐西瓜特色农产品优势区	无极黄瓜特色农产品优势区、元氏芽球菊苣特色农产品优势区、藁城番茄特色农产品优势区、赞皇樱桃特色农产品优势区、新乐花生特色农产品优势区
廊坊	永清胡萝卜特色农产品优势区	固安番茄特色农产品优势区、安次甜瓜（厚皮）特色农产品优势区	永清设施黄瓜特色农产品优势区
定州		定州葡萄特色农产品优势区	定州辛辣蔬菜特色农产品优势区
辛集		辛集黄冠梨特色农产品优势区	

3.2.2 产业布局不断优化，融合发展优势显现

目前河北省特色产业结构布局不断优化，产业融合发展的趋势越来越明显。其减少了高消耗低产能的农作物投入，比如说张家口的耗水蔬菜产业，增加了低成本高效益的农作物投入。河北省利用不同地域的特色优势，生产不一样的农作物。在邯郸、石家庄等地大力生产强筋小麦，当前已有360万亩；在丘陵、山区等适合发展杂粮产业的地区，大力发展杂粮产业，农作物面积也不断扩大，目前达到523万亩；在河北省重点种植区——黑龙港等区域内种植油料作物，比如说种植的大豆面积已达60万亩，高油酸花生已达40万亩；在燕山、太行山等地带以及巨鹿县、安国市等地大力发展道地中药材产业，目前已达135万亩；在山区、平原、以及城市临近地区发展水果业，目前果业面积已达1 030万亩，水果业也在黑龙港地域、冀北山地等区

域形成了优势产区；在环京地区或城市邻边地域发展蔬菜产业，可以为城市提供优质的食用蔬菜，目前蔬菜种植面积已达 1 305 万亩，随着特色产业的发展进步，蔬菜产业生产发展更加集中，并且充分利用温室大棚技术，建立环京津、冀东温室蔬菜、瓜菜产区、冀中南大棚产区、冀北露地错季菜产区等；在黑龙港地域发展棉业，目前已生产优质棉花 95 万亩；在以草作为养殖饲料的县域，大力生产苜蓿、青贮玉米等，当前已达 22 万亩；食用菌产业的发展布局在各地有所不同，比如在冀中南地区发展草腐菌，在太行山地区发展食用菌，在环京津地域发展精品食用菌，在坝上地区发展错季食用菌。

河北省立足产业化，延伸价值链，大力发展特色产业初加工和精深加工，保健品、速食品和色素提取等精深加工能力突破 15 000 万吨，河北晨光辣椒色素已占到全球市场的 80%。开发各种饮品，比如果酒、金银花茶等大约 50 余种，开发连翘、丹参等药茶 50 多种，使药枕等各类保健用品逐步面向市场，促进加工业发展，间接地增加了特色产业的效益。此外，把特色产业的发展与特色旅游结合起来，在特色农业园区的基础上开发旅游园区，增加参观等功能，比如说安国药博园、邢台报香谷等特色园区，配合上清晰的旅游线路，极大地增强了农业园区的附加值。此外，再结合特色餐饮业，市民在工作之余可以去农家乐休闲娱乐，可以去果园自行采摘，感受当地特色，这种体验式旅游能够不断吸引市民前来。目前，河北省仍在继续推动各地特色产业的发展，并且重视特色龙头企业的带动作用，并以此为关键点，以农民合作社为桥梁，以联合体为依托，形成一种新的产业形态。建立要素、产业、利益紧密连接，生产、加工、服务一体化的新型农业产业化联盟，此外，重视加工业的发展，使加工业与特色产业融为一个体系，相互配合发展，促进加工企业与特色优势产区形成产业间的集聚，建设加工园区，并且配合特色旅游，开发休闲观光区，打造精致旅游路线，不断吸引外来游客，增加特色产业的附加值，促进农业、工业、服务业的三产融合发展。

3.2.3 标准化生产稳步加快，品牌培育效果凸显

围绕提升产品品质和保障质量安全两大关键点。制定一系列生产操作规范，在示范区内广泛推广应用。为了促进特色农业的发展，河北省制定了一

系列质量标准与生产技术规程。比如《富硒农产品硒含量要求》等。其中，仅中药材的省级地方标准就已出台 120 余项，位列全国第一。为了使特色产业在生产、加工再到销售等各环节发展更加规范，河北省加强了生产过程和商品质量标注的制定和应用。进一步提高了商品观感、营养、安全、卫生等各种指标。近年来，河北省特色产业发展日益完善，已形成一定的产业规模和产业体系，并且还在继续发展中，其短期目标是在 2022 年基本建成农业全产业链标准体系。

特色产业区域公用品牌农产品在河北省大力培育区域公用品牌的作用下目前已有 50 个左右，在区域公用品牌带动下，生产经营主体日益重视品牌作用，踊跃注册商品商标，全省特色农产品商标已近 4 600 件，成为品牌农业的先行者。一些优质农产品已经成为国家的模范标杆，比如鸡泽辣椒、晋州鸭梨、怀来葡萄等。"玉田包尖白菜"和平乡"滏河贡"白菜、丰宁"黄旗皇"小米以优良品质抢占高端市场。青县"大司马"、秦皇岛"集发"、唐山"鼎晨"、鸡泽"天下红"、内丘"富岗苹果"、平泉"瀑河源"等品牌荣获中国驰名商标。永清"鑫耕田"、馆陶"馆青"晋州"芙润仕"、石家庄"佐美庄园"等著名商标近 200 个，深受国内外市场青睐，其中梨出口量占到全国的 50%，成为第一梨出口大省。以上都可以说明河北省特色产业的发展壮大，品牌优势也不断扩大，不仅在全省，在全国的地位也有所增加。

3.2.4 产销衔接效果明显，质量安全稳步提升

2016 年以来，河北省与北京市农业农村局、天津市农委等单位密切合作，连续举办了 12 场大型产销衔接活动，促进特色农产品产销对接。河北省不断建立农产品联合社，以此来促进产业发展过程中各环节的沟通与信息交换、促进彼此合作。此外，在政府帮助下京津冀三地的产品流通会成立蔬菜产业联盟，做到蔬菜生产销售渠道共享，加强了三者之间的沟通合作。目前，在北京居民社区建设直营店 100 多个，特色产业的市场竞争力不断提高，正稳步向高端市场迈进。与此同时，在中药材方面，也有专门的交流贸易中心，如巨鹿已成为全国最大的金银花生产销售地，围场成为最大的桔梗集散地，等等，为在道地药材产区打造专门的贸易区域和重要的物流渠道发

挥了示范性作用。此外，在北京市开办了河北省产品展示展销中心，加强了特色农产品的宣传工作，扩展了河北省特色优势农产品的销售市场。

特色产品的生产管理至关重要，通过监管，以"管"促"种"，倒逼生产环节安全用药是近年特色农产品种植管理中常见做法。从生产过程"源头"抓起，狠抓特色产业技术集成，比如说粘虫板、杀虫灯、熊蜂授粉等技术在农业生产过程中的普及；增施有机肥、控水控肥、杜绝使用膨大素、适当晚采等提质措施在水果大县得到管广泛应用；中药材以提高药用成分为重点，推广了仿野生栽培、禁止采青等关键技术。引导生产主体开展投入品减量增效，化肥、农药连续两年实现负增长。经过连续多年的综合治理，市县两级对蔬菜、水果抽检进行全面覆盖，不断提升其抽检的合格率，并使其保持稳定状态，此外，保障本地生产的果品质量监测合格率达到 100%。

3.2.5 出口创汇能力不断增强，扶贫带农效果明显

河北省特色产业发展至今，在国内已形成了一定的影响力与品牌效应。在此基础上，河北省不断拓宽梨、香菇、特色蔬菜、水果、道地药材及加工制品的外销渠道，出口量和出口额逐年增加，世界知名度正在提升。如2019 年，河北全省水果出口近 17 万吨，蔬菜出口 14 万吨左右，中药材出口近 3 300 吨，特色加工品出口近 4 万吨，创汇 3.5 亿美元，占农业出口值的一半以上，但是出口有时会受到一些不可抗力因素的影响，比如新冠肺炎疫情使得特色农产品的出口受到一定影响，但从长远趋势来看，影响较小。平泉香菇获得农产品地理标志登记后，其鲜品成功登陆韩国期货市场，年出口量达到 1 万吨，占全国出口总量的 40%，创汇超过 2 000 万美元。永年企美芦笋在国际奥委会连续三届指定为夏季奥运会供应商后，赢得欧美市场的欢迎，表现出强劲的竞争力。

河北省 62 个贫困县中，除康保县、沽源县外，都把发展果品产业作为脱贫攻坚重要载体；有 43 个把发展特色中药材作为脱贫主导产业或重要产业；另外尚义、蔚县等地杂粮产业在产业扶贫中效果显著；平泉、内丘、鸡泽、巨鹿、兴隆、隆化 6 个贫困县被认定为中国特优区，占河北省已认定的国家级特优区总数的 50%；馆陶、阜平、威县、青龙北等 44 个贫困县被认

定为省级特优区，占省级特优区总数的 46.3%。探索建立平泉"三零"和阜平"六统一分"精准扶贫模式，吸收了大约 12 000 多贫困家庭，使其每户年收入增加 4 万元以上，实现了当年生产，当年脱贫。在贫瘠的旱坡地、梯田和盐碱沙薄地以旱作为主，种植的中药材平均亩产值在 3 000 元以上，收益提高 1 倍多。

4 | 河北省特色产业发展现状及竞争力分析

4.1 特色产业发展现状

本部分以杂粮、中药材、蔬菜、水果等产业为例，在长期实地调研的基础上，对河北省特色农业产业发展现状进行介绍。

4.1.1 杂粮产业生产基本情况

杂粮生产在种植结构调整、供给侧结构性改革、地下水压采、季节性休耕、保护粮食安全等方面具有独特的、不可替代的作用。杂粮不仅是一种生态作物，其产品更是一种功能、健康食品，而且在很多贫困的地区作为一种重要的扶贫作物，"小杂粮支撑起一个大产业"，在带动农村脱贫、推进乡村振兴中的地位举足轻重。河北省杂粮具有种类繁多、分布广泛等特点，作为全国最大的小米加工集散地，河北省仅各类大型杂粮市场就逾 30 个，近三年种植面积和加工量有逐渐增加的迹象。

4.1.1.1 主要杂粮生产区域布局

(1) 谷子

我国谷子种植区域广泛，主产区在华北、东北和西北。种植面积的 97％分布在山西省、河北省、内蒙古自治区、陕西省及辽宁省等地区，河北省作为我国优质谷子生产的适宜地区，常年种植面积 300 万亩左右，约占全国播种面积的 20％，居国内谷子种植面积第 2 位，产量约占全国总产量的 25％。河北省处于中纬度沿海和内陆过渡地带，适合夏谷播种、春谷播种以及春夏谷交替播种，目前已经培育出了多个知名品种。其中，夏谷种植品种主要涉及冀谷系列、衡谷系列等，冀谷系列种植面积占 80％以上。目前推广较好的冀谷系列品种主要分布在武安、东光等黑龙港流域十余个县市，而且集中度有增加的趋势；受地下水压采和季节性休耕项目实施影响，2020年沧、衡、保等地冀谷、衡谷系列品种种植面积大大增加，较2019年播种面积增幅在8%～12%；夏播区推广的杂交谷子品种主要有张杂谷16号、18号、22号和特早1号，主要集中在冀中南二作区，面积在25万亩左右。张家口等作为春谷主要产区，目前种植品种以张杂谷、8311、大白谷为主，2020年张杂13号对张杂三号和8311谷子品种的替代明显增加，杂交谷子推广面积在30万亩左右，主要在蔚县、阳原、赤城等地种植。

（2）高粱

河北省高粱种植以糯高粱品种为主，主要包括红缨子、红茅粱6号、冀酿2号、兴湘粱2号等。播种期分春播和夏播，春播高粱多在5月1日后开始播种，本年度春播高粱主要种植在衡水、沧州等季节性休耕土地；夏播高粱在6月10日麦收之后种植，主要在冀中南区域，种植面积略有小幅上调。

（3）燕麦

河北省燕麦播种面积约占全国燕麦播种总面积的20%，种植区域主要集中在张家口，燕麦占该区农作物播种面积的30%，占该区粮食作物播种面积的50%，其中裸燕麦的播种面积约占燕麦总播种面积的99%，主产县有张家口市的张北、尚义等坝上地区，另外承德市的丰宁县也有一定数量的种植。整体形成了以万全苏家桥、张北县开发区、康保粮油市场等为中心的加工集散地，在全国燕麦加工中占有重要地位。

（4）杂豆

绿豆主产区主要集中在张家口的阳原县、蔚县、宣化区，邢台的南宫市、巨鹿县、临西县。大部分以春播为主，品种以张家口鹦哥绿豆和冀绿系列品种为主；红小豆主产区在张家口的蔚县、阳原县，唐山的玉田县、迁安市等，保定的雄县、蠡县，石家庄的井陉县、平山县，沧州的南大港。品种以冀红系列品种为主；蚕豆主产区集中在张家口的崇礼区和沽源县，品种主要是崇礼蚕豆；豌豆主产区集中在张家口的康保县、张北县等地，唐山的乐亭县，秦皇岛的昌黎县。张家口以干籽粒为主，品种以麻豌豆和白豌豆为主，乐亭县和昌黎县以鲜食豌豆为主，品种以乐亭青豌豆为主；芸豆主产区集中在张家口的康保县，品种以英国红芸豆为主。

4.1.1.2 杂粮基本生产情况

杂粮曾经是河北省的主要粮食作物，20 世纪 60 至 70 年代，随着主要作物的品种改良和先进农业技术的推进，杂粮种植面积下降近 50%；进入 21 世纪以来，河北省杂粮杂豆总的播种面积和总产量变化有两个明显的阶段划分：第一个阶段是在 2008 年之前，杂粮杂豆播种面积和总产量总体上呈现急剧走低的趋势，其中播种面积从 2000 年的 74.63 万公顷下降到 2008 年的 25.86 万公顷，降幅为 65.35%；总产量从 2000 年的 98.90 万吨下降到 2008 年的 44.60 万吨，降幅为 54.80%。2009 年播种面积一度又回升到 37.65 万公顷，之后虽然仍有下降，但年度间降幅不是非常明显，截至 2016 年的几年间一直徘徊在 35 万～37 万公顷，然而随着杂粮杂豆育种技术及田间栽培管理技术的进步，其单产水平急剧上升，2016 年总产量达到 87.60 万吨。2017 年以后杂粮总体播种面积经历了较大幅度下降之后又总体回升，至 2020 年，与 2017 年相比总体有 5% 左右的增长。

（1）谷子

河北省谷子播种面积历经 2000 年开始总体下降、2009—2011 年略微增长后，2012—2013 年重新下降，2014—2016 年相对平稳。总产量也由于播种面积的缩减而减产。单产从 2000—2008 年微弱下降，2008 年之后开始上升，所以，综合来看总产量的下降幅度整体小于播种面积的下降幅度。受 2016 年市场价格行情影响，2017 年谷子种植情况较好，夏拨面积 220.87 万亩，春播 116.08 万亩；与 2017 年相比，2018 年度由于谷子和小米市场价格一度走低，严重影响到谷子种植者生产积极性，谷子总的播种面积降幅较大，为 20%～30%，据估计张承地区、冀东区、冀中南和黑龙港地区降幅分别在 18%、15%、27% 和 10% 左右。同时受气候影响谷子单产水平较 2017 年度有所下降。从 2018—2020 年整体情况来看，处于黑龙港核心区的阜城、冀州、枣强、景县、深州等季节性休耕区，由于衡水市、县政府重视和系列补贴政策的推行，大大激发了农户种植热情，总的谷子种植面积增幅较大，在 10% 左右；张家口作为主要春播杂粮产区，谷子播种面积约有 2～3 成的增加（图 4-1）。

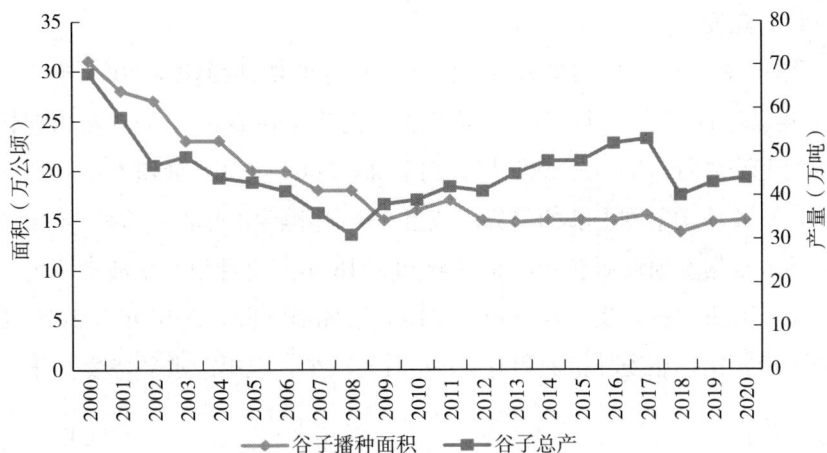

图4-1 河北省谷子生产情况趋势图

（2）高粱

河北省高粱 2000 年的种植面积是 2016 年的 5 倍左右，从 2000—2001
年出现短暂的高峰之后开始逐年下降，2016 年种植面积是 10 680 公顷左右。
总产量整体也随着逐年下降的播种面积而下降，但是，单产的波动式上涨一
定程度上缓冲了总产量直线式下降的趋势。根据实地调研的结果显示，2017
和 2018 年由于高粱下游需求转好，高粱种植面积相对 2016 年而言增加趋势
比较明显，同时 2018 年度受气候影响高粱单产水平有所下降。2018 年开始
至 2020 年高粱面积逐步小幅，至 2020 年几乎翻了一倍（图4-2）。

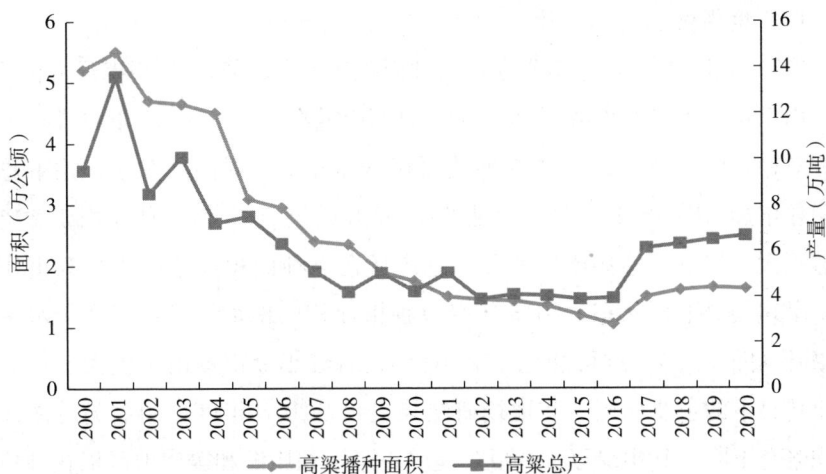

图4-2 河北省高粱生产情况趋势图

（3）燕麦

图 4-3 统计分析结果显示，河北省燕麦的播种面积从 2000 年开始到
2016 年虽然有波动，但是整体变化不大。总产量在 2000—2003 年出现较大
幅度的上涨之后，2004—2007 年急剧下降，2009 年总产量随着单产的大幅
增长，呈波动式急剧上涨的趋势。截至 2016 年燕麦的单产是 2000 年单产的
近两倍。根据实地调研获知，2017 年和 2018 年燕麦种植面积波动不大，维
持在 100 万亩左右，受气候影响，2018 产量略有下降，2018 年至 2020 年和
以前年份相比，燕麦种植面积有 6% 左右的减少，但单产水平持续上升。

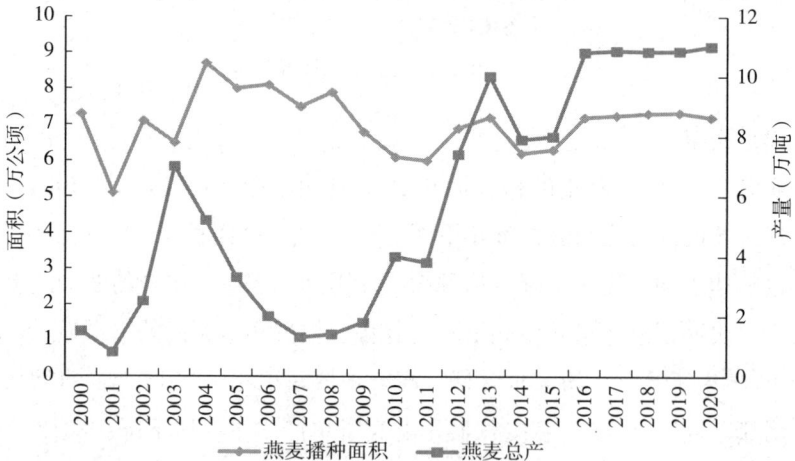

图 4-3　河北省燕麦生产情况趋势图

（4）食用豆

2010 年至 2015 年，全省绿豆播种面积呈下滑趋势，2016 年开始有所回
升。由于单产水平的大幅增加，绿豆的总产量在 2010—2015 年间维持了一
个相对稳定的水平，2016 年在种植面积增加和单产提高的双重作用下总产
量明显增加（图 4-4）。红小豆从 2010 年开始至 2015 年播种面积波动幅度
虽然不大，但下行趋势比较明显，总产量在播种面积和单产水平双重作用
下，呈现相对平稳状态。2016 年绿豆种植面积的增加，导致其产量水平急
剧攀升（图 4-5），这可能也是 2016 年之后红小豆市场由于供大于求而价
格急转直下的主要原因。实地调研结果显示，2018 年度食用豆类总体播种
面积略有下降，其中绿豆、蚕豆可能受玉米面积压缩和冀南地区棉花种植减
少的影响，播种面积略有上升，增幅在 2%～3%；红小豆主要受产品市场

疲软影响，播种面积降幅较大。此后杂豆类作物种植面积在年际间波动上升，至 2020 年增幅在 17% 左右，尤其是张家口坝上地区蚕豆播种面积增加较明显，且增加面积以规模化种植为主。

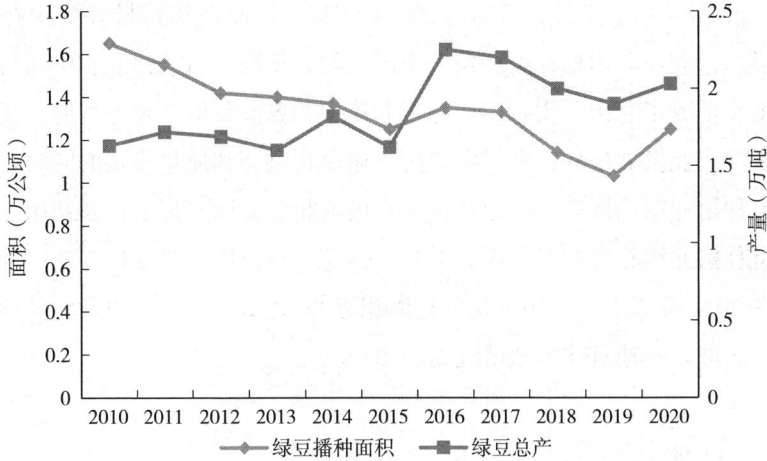

图 4-4 河北省绿豆生产情况趋势图

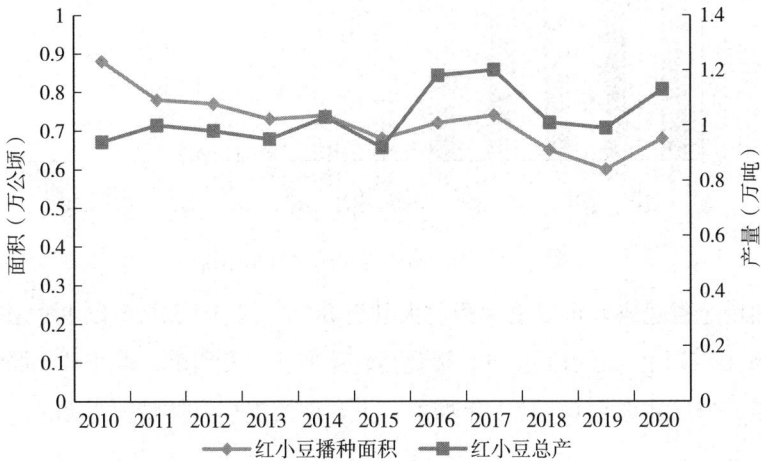

图 4-5 河北省红小豆生产情况趋势图

4.1.2 中药材产业生产基本情况

作为中药材生产经营大省，河北省中药材生产在全国占有重要地位，是我国中药工业、大健康产业原料的供应和质量保障基地。

4.1.2.1 河北省各地中药材种植规模

目前河北省中药材种植面积全国排名第七，近 300 万亩，其中野育面积

约 100 万亩。中药材在河北省的种植历史悠久、资源丰富，品种涉及 1 716
种，其中闻名全国的道地药材有 20 多种。另外，河北省野生药材资源丰
富，多集中在河北省北部和西北山区，其中承德最多，占 32%，其次是张
家口，占 24%，秦皇岛占 13%，保定占 12%；而栽培药材多集中在太行
山、燕山、冀西北山地丘陵区及中南部丘陵、平原。目前河北省中药材生产
整体逐步形成了燕山、太行山产业带和冀中、冀南平原、坝上高原产区"两
带三区"产业发展格局，在保障中药工业原料供应和质量稳定的同时，也在
河北省种植业结构调整、产业扶贫和农民增收等方面发挥了重要作用。目前
中药材种植面积较大的有承德、邢台、保定、石家庄、张家口等地，种植面
积均在 20 万亩以上，其中承德种植面积近 80 万亩，为省内中药材种植面
最大的区域，各地具体种植情况见图 4-6。

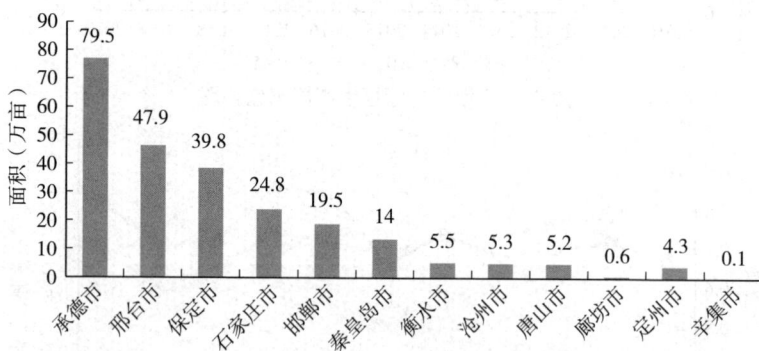

图 4-6 河北省各地中药材种植情况

目前全省建成万亩以上中药材大县近 50 个，其中 5 万亩以上大县有 20
个；10 万亩以上大县有巨鹿县、隆化县、滦平县、安国市、青龙县、邢台县、
围场县、内丘县等 8 个，比上年增加 1 个，种植规模具体情况见图 4-7，10

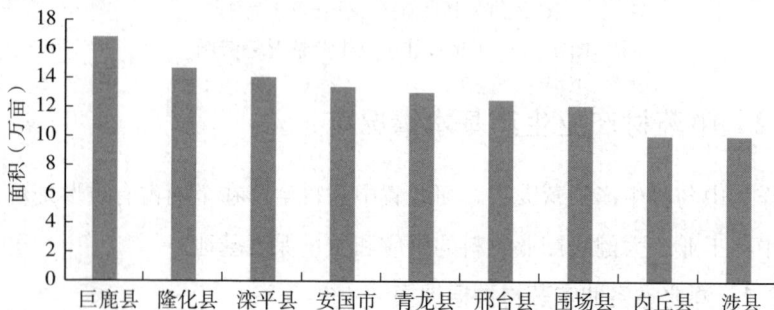

图 4-7 河北省 10 万亩以上种植规模大县

万亩以上的大县中药材种植总面积达 106 万亩，占全省的 40.7%。

4.1.2.2 河北省道地药材品种种植规模

目前河北省道地药材品种种植规模呈连年增加趋势。全省种植面积在 10 万亩以上的品种有 7 个，5 万亩以上的 14 个，3 万亩以上的 20 个，万亩以上种植品种达到 35 个，具体情况见表 4-1。万亩以上的品种种植面积达 240.15 万亩，占全省种植面积的 91.6%；5 万亩以上的品种有黄芩、柴胡等 14 个品种，面积达 182.92 万亩，占全省种植面积的 69.8%。其中黄芩种植面积最大为 50.97 万亩，主要在宽城县、隆化县等县种植。部分地区实现了一区一品或一园一品，道地药材品种形成区域化、规模化发展，一些品种正在形成河北省甚至是全国特色药材优势产区；安国八大祁药、青龙北苍术等已经成为河北省特色药材优势产区；另外，祁山药、祁白芷等十余种中药材品种种植正逐步增多。各地试验探索出多种种植方式，主要有平地机械化种植、林下种植、仿野生种植、野生抚育、生态栽培等多种类型，其中耕地种植 96.86 万亩、林下种植 53.99 万亩、仿野生种植 38.25 万亩、野生抚育 30 多万亩（图 4-8）。

表 4-1 河北省万亩以上种植品种面积表

序号	品种	面积（万亩）	序号	品种	面积（万亩）
1	黄芩	50.97	19	王不留行	3.24
2	柴胡	19.54	20	荆芥	3.24
3	山药	17.01	21	南星	2.43
4	金银花	15.36	22	黄檗	2.42
5	酸枣	14.85	23	栝楼	2.38
6	枸杞	13.42	24	苍术	2.26
7	山楂	10.06	25	沙棘	2.10
8	黄芪	9.80	26	北沙参	2.08
9	连翘	9.01	27	白术	1.78
10	桔梗	7.86	28	金莲花	1.70
11	苦参	6.36	29	北苍术	1.30
12	知母	6.23	30	白芷	1.25
13	防风	6.19	31	紫苏	1.22
14	牡丹	5.27	32	花粉	1.19
15	丹参	4.46	33	牛膝	1.09
16	板蓝根	4.38	34	五味子	1.02
17	菊花	4.31	35	射干	1.01
18	山桃	3.35			

数据来源：根据调研整理

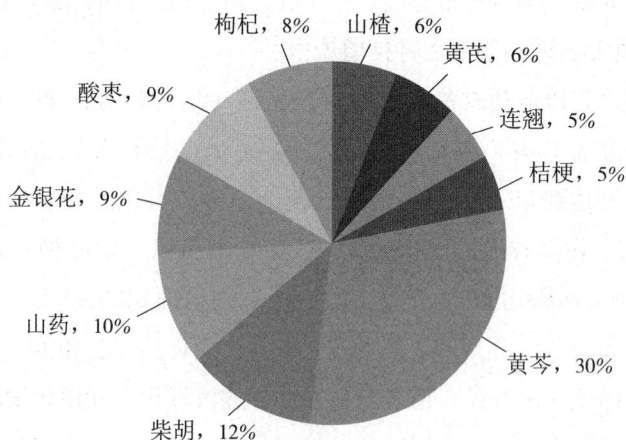

枸杞，8% 山楂，6% 黄芪，6% 连翘，5% 桔梗，5% 酸枣，9% 金银花，9% 山药，10% 柴胡，12% 黄芩，30%

图 4-8 河北省万亩以上前十种植品种面积占比情况

4.1.3 蔬菜产业生产基本情况

近年来，作为农业支柱产业，河北省蔬菜产业得到很大发展，播种面积从 1978 年的 22.5 万公顷增加到目前的 80 万公顷，蔬菜总产量从 1978 年的 550.7 万吨，增加到 2017 年为 8 877 万吨，年人均蔬菜产量达到 1 235.49 千克。

4.1.3.1 河北省主要蔬菜栽培种类

河北省气候条件、土质资源、地理特征等条件非常适宜蔬菜生长，四季均有稳定的生产。河北省蔬菜生产有 60 多个种类，叶菜类、根茎类、豆类（菜用）、茄果类、葱蒜类、水生蔬菜等均有生产，大白菜是河北省产量最高的蔬菜品种（表 4-2）。

表 4-2 河北省主栽蔬菜种类

类别	种 类
叶菜类	芹菜、油菜、菠菜、圆白菜、茼蒿、莜麦菜、生菜、香菜
白菜类	大白菜、小白菜、娃娃菜、甘蓝、菜花、西兰花
根茎类	白萝卜、胡萝卜、根用芥菜
瓜菜类	黄瓜、西葫芦、冬瓜、南瓜、丝瓜、苦瓜、瓠瓜
豆类（菜用）	菜豆、豇豆、毛豆、眉豆
茄果类	茄子、辣椒、番茄

（续）

类别	种　　类
葱蒜类	大葱、蒜、韭菜、洋葱
薯芋	马铃薯、姜
水生蔬菜	莲藕、茭白
其他蔬菜	金针菜、百合、香椿、芦笋

从蔬菜生产结构看，2020年白菜类、茄果类、瓜菜类、叶菜类、葱蒜类产量占全省蔬菜总产量的70%以上。其中，白菜类播种面积23.64万公顷；茄果类播种面积21.02万公顷；瓜菜类播种面积16.93万公顷；叶菜类播种面积14.44万公顷；葱蒜类播种面积13.35万公顷（图4-9）。

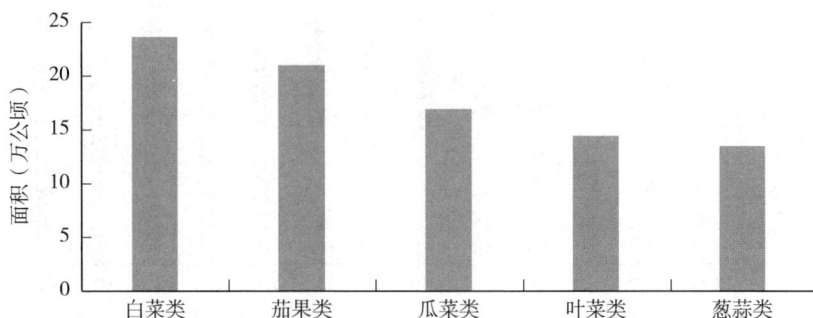

图4-9　河北省2020年主要蔬菜品类播种面积

4.1.3.2　蔬菜产业生产基本情况

近年来，河北省蔬菜播种面积和产量总体呈上升趋势（图4-10、图4-11），以2020年为例，河北省蔬菜总播种面积约为80万公顷，其中设施蔬菜播种面积22.8万公顷，蔬菜产量约5 300万吨，播种面积、产总量、单产水平同比均有小幅增加。分种类看，大白菜、黄瓜、番茄、辣椒、卷心菜、茄子等蔬菜的播种面积占总播种面积比重超过60%，产品结构基本稳定。目前，河北省已成为京津两大都市蔬菜市场的主要生产供应基地，蔬菜外销京津地区，东北、华南等地区。自2016年以来，河北省蔬菜播种面积呈现持续小幅下降态势，但蔬菜单产水平仍保持上升，随着河北省"三品一标"蔬菜种植面积的增长，河北省蔬菜产业开始逐步由"量"的增长向"质"的提升进行转变。新增设施蔬菜主要分布在现代农业园区和休闲采摘农业园区。

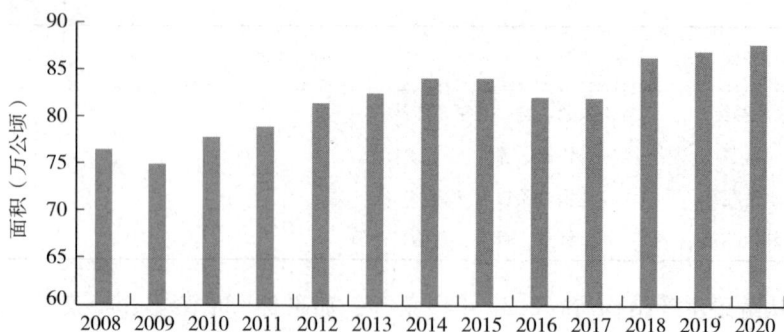

图 4-10 2008—2020 年河北省蔬菜播种面积

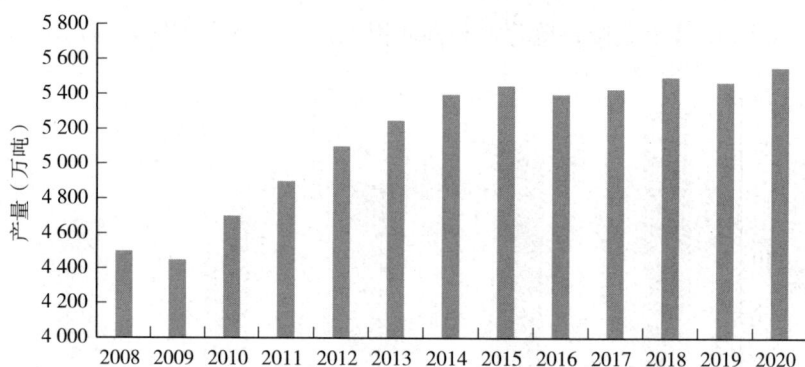

图 4-11 2008—2020 年河北省蔬菜产量情况

如图 4-12、图 4-13 所示，从各市蔬菜生产来看，目前蔬菜播种面积排在前五位的市为唐山、邯郸、张家口、保定、廊坊，规模均在 10 万公顷左右；设施蔬菜规模排在前五位的为唐山、邯郸、保定、衡水、邢台，可见唐山、邯郸、保定三市无论是蔬菜总量还是设施蔬菜规模均在全省具有一定的优势，而且其各自所辖县区多数为蔬菜生产大县，以唐山的迁安市和乐亭县为例，迁安市是河北省 40 个产菜大县之一，也是全省 12 个无公害生产重点县之一，蔬菜年播种面积在 13 万亩以上，其中设施蔬菜 3 万亩，2020年，设施蔬菜年产量 20 万吨，产值 1.7 亿元；乐亭县是全省蔬菜生产大县，全县瓜菜占地面积 45 万亩，其中保护地面积 26 万亩（日光温室 8.2 万亩，简易温室 2.8 万亩，大棚 10.5 万亩，中棚 1.5 万亩，小棚 3 万亩），另外，容城芦笋、鸡泽辣椒、馆陶黄瓜、肥乡圆葱、徐水番茄、磁县莲藕、望都辣椒均具有一定的特色和优势。

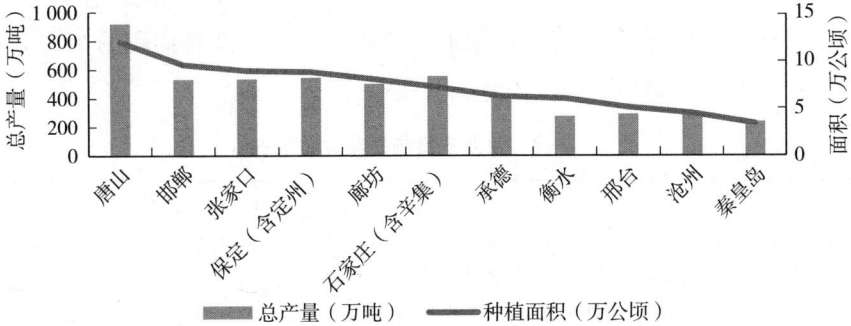

图 4-12　河北省各地蔬菜种植情况

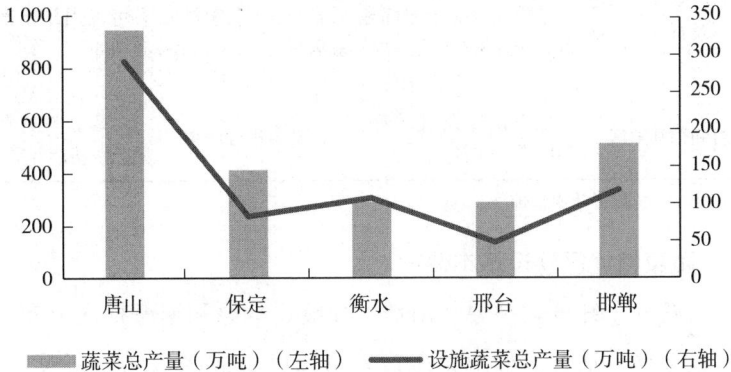

图 4-13　2020 年河北省部分地区设施蔬菜产量及蔬菜总产量

　　虽然 2020 年河北省蔬菜生产整体无论是规模还是产量均有一定程度的增加，但各市区蔬菜发展程度不一，如邯郸和邢台蔬菜播种面积略有增加，均达到 10 万公顷以上，同比增幅分别为 7%、14.4%；张家口、廊坊、石家庄三地蔬菜播种面积则有所减少，张家口受生态环境保护及地下水压采等因素影响，通过进一步调整种植结构使蔬菜播种面积进一步下降，降幅接近 10%。廊坊蔬菜播种面积同比减少 7%。石家庄蔬菜种植面积受土壤连作障碍、雇佣工人费用高等因素影响，同比减少近 11%。

4.1.3.3　设施蔬菜基本情况

　　河北省设施蔬菜生产规模在 2020 年达 1 200 万亩。目前，河北省设施蔬菜 3 万亩以上的县（市、区，下同）80 多个，还有一批超过 30 万亩，如永年、乐亭、肃宁、定州、永清、饶阳、青县等。与全国一样，河北设施蔬菜生产起源于农民创造，多种类型共同发展。目前，河北省已形成日光温室和大中塑料拱棚为主，小拱棚、网棚和钢骨架玻璃连栋智能温室为辅的生产格局。目前，河北省日光温室蔬菜面积已占全省蔬菜播种面积的18%，产量约占36%，产值约占40%（表4-3）。

表4-3 河北省设施蔬菜分布情况

地区	气候特点	主要设施	蔬菜类型
冀东唐山、秦皇岛市，冀北承德山区和张家口坝下山间盆地	秋冬春三季热量比冀中南部平原低，光照充足，阴雾天气少	以日光温室为主，兼有塑料拱棚	周年生产黄瓜、番茄等各类喜温果菜
环京津地区廊坊、沧州、保定以及石家庄、衡水等	冬季温度好于北部地区，光照相对充足	日光温室与塑料拱棚居多	可以周年生产各类果菜和叶菜
南部邢台和邯郸地区	冬季温度条件较好，但阴雾天气多	以塑料拱棚居多	冬季新鲜叶菜和耐寡照的西葫芦等果菜

数据来源：根据调研数据整理

4.1.3.4 蔬菜特优区建设基本情况

河北省跨6个纬度，高原、山地、丘陵、平原和滨海梯次分布，地形、地貌和气候多样，适合多种蔬菜生产，目前已形成张承错季蔬菜、冀东蔬菜、环京津蔬菜、沧衡蔬菜、冀中蔬菜、冀南蔬菜六大优势产区，蔬菜产业规模化、多样化、区域化特征逐步显现。2018—2020年，全省分三批共评选了140个省级特色农产品优势区，其中蔬菜类特优区31个，约占五分之一。2020年，依托特优区和现代农业园区支持创建精品示范基地，全省共支持创建63个"大而精"42个"小而特"基地，涵盖了饶阳设施蔬菜、馆陶黄瓜、玉田白菜等12个"大而精"蔬菜基地，崇礼彩椒、肥乡圆葱等7个"小而特"蔬菜基地，进一步促进蔬菜单品规模化、集约化、标准化、全产业链发展。

4.1.4 水果产业生产基本情况

水果产业是河北省四大农业种植产业之一，和以往年份相比，河北省水果产业保持了一定速度的增长。目前，河北省特色水果产业有晋州的鸭梨和龙眼葡萄、黄骅的冬枣、宣化的牛奶葡萄等。近年来，梨、桃、苹果、葡萄等果品产量总体平稳，绿色要素投入、区域品牌培育等效果显著，为河北省产业高质量扶贫创造了有利的条件，实现产业提质增效是未来水果产业发展的主要方向。

4.1.4.1 生产规模发展趋势

2012 年，河北省政府就已下发《关于加快建设果品产业强省的意见》，提出要加快建设果品产业强省，推动农村经济发展。虽然近年来河北省水果总产量呈先上升后略下降趋势，但近三年基本保持稳定。作为水果生产大省，随着栽培技术和管理水平的不断提高，尽管果园面积呈逐渐减少总体趋势，但园林水果总产量基本保持稳定，单产大幅提高。截至 2019 年底，河北省年末实有果园面积 759.04 万亩，产量 1 004.39 万吨，与 2007 年相比，面积减少了 765.89 万亩，下降幅度高达 50%，产量增加了 33.04 万吨，增幅为 3%；亩产量为 1.32 吨/亩，是 2007 年的 2.08 倍，比 2007 年增加了 0.69 吨/亩，增幅为 108%（图 4 - 14）。总体而言，虽然截至目前河北省果树种植面积已位居全国第一，果品总产量位居第二，但仍存在生产布局分散、高标准基地少、优势果品发展缓慢等需要进一步完善的问题。

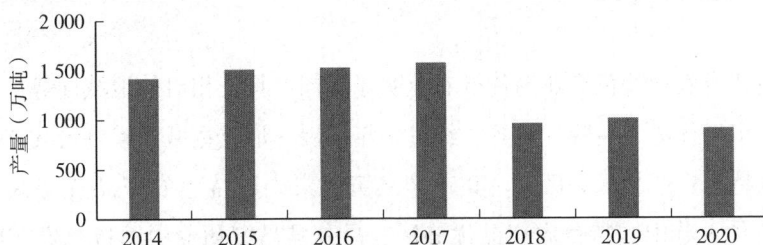

图 4 - 14　2014—2020 年河北省水果产量

4.1.4.2 省内种植分布情况

河北省水果种植分布广泛，14 个市区均有水果种植。种植区域主要集中于承德（18.36%）、保定（13.48%）、沧州（11.81%）、石家庄（11.21%）、邢台（9.79%）、秦皇岛（6.84%）、衡水（6.74%）、唐山（6.15%）8 个市区，占全省水果种植总面积的 84.38%；水果年产量超过 50 万吨的有 9 个市区，占全省水果总产量的 89.49%，其中石家庄以年产量 186.08 万吨位列第一，占到总产量的 18.53%；水果单位面积产量排名前三的是定州、石家庄、雄安新区，单产分别达到 0.333 万吨/万公顷、0.328 万吨/万公顷、0.323 万吨/万公顷（图 4-15）。其中梨作为河北省第一大水果，种植规模和产量全国居首。梨树虽然在全省各地都有栽培，但主要集中在河北省南部，尤其是以石家庄最为集中，另外沧州、衡水、邢台和保定等地区也存在一定规模的种植，如邢台宁晋县梨树面积 22.7 万亩，年产雪梨、鸭梨近 30 万吨。相比而言，张家口、秦皇岛等地分布较少。产量方面，石家庄位于全省首位。

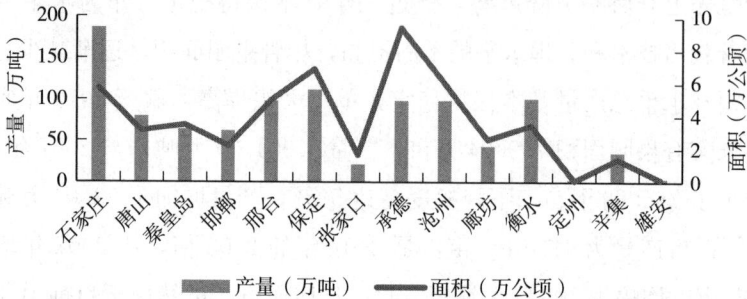

图 4-15　2020 年河北省各地水果产量、面积

4.2　竞争力分析

河北省农业特色产业与传统农业明显不同，具备相对的地域优势、技术优势、市场优势、品牌优势等。经过多年发展，形成宽城满族自治县宽城板栗中国特色农产品优势区、辛集市辛集黄冠梨中国特色农产品优势区、遵化市遵化香菇中国特色农产品优势区、昌黎县昌黎葡萄中国特色农产品优势区以及邢台市信都区、内丘县邢台酸枣中国特色农产品优势区。武安小米、怀来葡萄、平泉香菇等 8 个大规模国家级特色农业优势区和 55 个省级优势区。省内形成近 7 万个农产品品牌，其中包含迁西板栗、安国中药材、围场马铃薯、国光苹果等 65 个省级区域公用品牌。形成了君乐宝、中国长城葡萄酒、鸡泽湘君府、河北亚雄、绿岭核桃等一系列知名特色农业龙头企业，其中有 7 家年营收超百亿的龙头企业，10 家年营收超 50 亿的特色农产品加工示范园区。随着河北省杂粮产业、中药材产业、蔬菜产业、水果产业等特色产业在解决三农问题及产业扶贫、乡村振兴中发挥着日益重要的作用，产业发展迎来了难得的历史机遇，其竞争优势也进一步增强，但同时产

业发展短板依然存在。

4.2.1 河北省特色农业产业的竞争力分析

(1) 系列政策为特色产业发展提供了强有力的保障

近年来，国家和河北省陆续出台系列政策支持各地特色产业发展。以2020年为例，农业农村部采取各种有力、有效政策措施推动乡村特色产业发展：一是开展优势特色农产品产业集群建设。支持各省聚焦1～2个优势特色主导品种，打造各具特色的农业全产业链，培育一批产值超百亿元的区域优势特色产业集群。二是推进"一村一品""一镇一特""一县一业"发展。支持引导有一定资源禀赋和产业基础的专业村，找准做强特色产业，发展新型农业经营主体，打造特色品牌，培育能够带动农民长期稳定发展、贫困户长期稳定脱贫增收的特色主导产业。将各地产品品质优良、区域特色鲜明、带动农民增收效果显著、具有明显发展潜力的专业村镇认定为全国"一村一品"示范村镇，示范引领更多村镇发展"一村一品"，带动农民就业致富，尽快形成"一县一业"发展新格局。三是遴选推介乡村特色产品名录。引导各部门、各地统筹协调资源力量，共同培育壮大一批特色产业经营主体，提升特色产品质量效益，完善全产业链融合发展机制，切实推动优势特色产业做大做强，为全面建成小康社会、打赢脱贫攻坚战、实施乡村振兴战略做好有力支撑。2019年，河北省农业供给侧结构性改革工作领导小组办公室印发《河北省做大做强农业优势特色产业行动方案（2019—2022年）》提出，到2022年，全省农业特色产业得到快速发展，特优区创建保持全国领先，国家级特色农产品优势区达到10个，省级特色农产品优势区达到120个。特色产业科技服务体系基本建立，科技成果转化率达到60%以上，标准化生产覆盖率由57%提高到75%以上。适宜区80%以上的农户加入合作社，产业链条得到完善，产品市场竞争力和带动农民增收能力明显增强。按照方案，省级重点抓好包括粮油、蔬菜、中药材、水果在内的7大类24种优势特色产业。

以中药材产业为例，从国家层面出台到河北省出台的一系列政策文件，均对我国或河北省中药材产业发展从各个不同角度进行了安排部署，同时也为进一步规范化发展中医药产业提供了依据（表4-5）。

表 4-5 近年国家和地方发布的部分相关政策文件

时间	文 件
2015 年	《中药材保护和发展规划（2015—2020 年)》，对我国中药材资源保护和中药材产业发展进行了全面部署，指出到 2020 年，中药生产企业使用产地确定的中药材原料比例达到 50%。
2016 年	《健康中国 2030》规划纲要审议通过，标志着"健康中国"已成国家战略，健康产业将成为我国经济发展的支柱性产业。
2017 年	《中医药发展战略规划纲要（2016—2030 年)》，将中医药发展摆在了经济社会发展全局的重要位置。
2017 年	《中国的中医药》白皮书，体现出中国政府极其重视和保护中医药的文化价值，积极推进中医药传统文化传承体系建设。
2017 年	《中华人民共和国中医药法》，进一步为中医药产业规范化发展提供了依据。
2017 年	《中药材产业扶贫行动计划（2017—2020 年)》，提出了中药材产业扶贫发展方向。
2020 年	《中共中央关于制定国民经济和社会发展第十四个五年规划和二〇三五年远景目标的建议》，再次强调中医药对于民生的重要地位，也为今后的中医药工作指明了方向。各省也相继出台政策大力支持中药材产业发展，其中河北省出台《河北省中医药健康服务发展规划（2015—2020 年)》。
2016 年	《河北省"大健康、新医疗"产业发展规划（2016—2020 年)》，提出到 2020 年，"大健康、新医疗"产业将成为河北省战略性支柱产业。
2017 年	《河北省中医药条例》，为我国首部中医药地方性法规，提出加强中药材资源保护、产业健康可持续发展，发挥中医药特点，全面提升中医药服务能力。
2019 年	《关于加快推进中医药产业发展的实施意见》，提出中药材种植提质增效工程，着力打造中药材种植"两区三带"和系列药材"三标一品"认证推进、加快中药材产业扶贫等。
2019 年	《河北省中药材标准》正式发布，将进一步促进中药材产业规范、有效、健康发展。

同样，作为蔬菜产业大省，河北省政府近年也陆续出台了一系列支持和规范蔬菜产业发展的政策措施。如为进一步促进全省蔬菜产业提质增效、促进蔬菜产业转型升级，2017 年河北省农业厅出台了《河北省蔬菜绿色发展十大技术》；在支持高端设施蔬菜建设方面，为提高设施蔬菜生产效益，提出高端设施蔬菜导则和《大力发展高端设施蔬菜推进方案》，推动全省设施蔬菜向更高水平迈进，等等。

（2）资源禀赋及区位优势造就河北各地农业产业特色

特色产业是各地立足当地实际，结合自身资源禀赋、文化基因、产业基础以及比较优势,在一定空间内围绕特定产业链条形成的。以上一部分提到的杂粮产业中的燕麦为例,我国裸燕麦主产区之一河北省张家口市坝上高寒区,自然环境优越,无污染,得天独厚的资源特征极为适宜种植裸燕麦,种植过程甚至无需施肥打药,所生产的产品符合有机食品的要求。再如中药材产业,作为中医药大省,河北省多地地理环境、土壤特征、气候条件等资源禀赋具有得天独厚的生产中药材优势,现有各类中药材 1 700 种以上,其中大宗药材 40 种左右,祁紫菀、祁薏米、祁芥穗、祁白芷、祁菊花、祁花粉、祁沙参、祁山药等道地药材是河北省传统的八大祁药,加上热河黄芩、北柴胡、西陵知母等十六种其他品类的道地药材,目前共有近三十种药材均为河北省特色道地药材,很多都是一地供全国的道地药材品种,其中酸枣仁、天花粉、祁紫菀等九种药材生产占全国同类药材总产量的比重超过 60%。同时,京津冀经济圈人口 1 亿,中药工业、大健康产业的发展对河北药材资源优势和特色具有较强的依赖,这些均为河北省中药材产业的进一步高质量发展提供了有力的契机,产业竞争力也得到进一步提升。另外,河北省的地理环境、土壤品质及气候条件使全省四季均有稳定的蔬菜生产,同时水果产业发展自然区位优势显著,适合多种水果种植,是全国重要水果产区。在北京非首都功能疏解战略下,农产品加工、流通业逐步向河北省转移,对促进河北省农业产销对接、完善农业产业链条、拓展农产品销售市场,发展现代农业提供有力支撑。京津冀及东北地区对果蔬类产品的刚性需求突出,而河北省地处环京津及近邻东北的区位优势进一步提升了果蔬等特色产业的竞争力。雄安新区的建设也将为河北省各类特色农业产业新技术、新业态、新模式的创新发展提供有力的契机。

(3) 市场优势助推特色产业发展

再以中药材产业为例,安国是享誉世界的"中药之都",投资 40 亿元的安国"数字中药都"已经建成并将投入使用,为河北省中药材种植搭建了跨越式发展平台。安国数字中药都作为"中药材供应保障公共服务能力建设项目"的主要承接方之一,负责构建规划完整的产地药材初加工体系、全过程追溯体系、第三方质量检测体系、信息化产需对接体系和高质量仓储物流服务体系,这必将大幅提高全国中药材资源可持续供给能力,提升全产业链供应保障服务。随着安国中药材交易的现代化发展,同仁堂、葵花药业等大批知名中药企业入驻安国中药工业区，产业集聚效应日益显现。价格方面以蔬菜为例，由于全省产量大、品牌蔬菜市场占有率较低、高端蔬菜比重小等原因，河北省蔬菜均价和全国平均水平相比具有一定的优势，尤其是 2020 年，多个种类蔬菜价格普遍低于山东省及全国平均水平。从水果产业来看，河北省水果价格缺乏竞争力，近年来除苹果外，其他大宗水果价格均高于全国平均水平，以葡萄价格为例，见表 4-16。

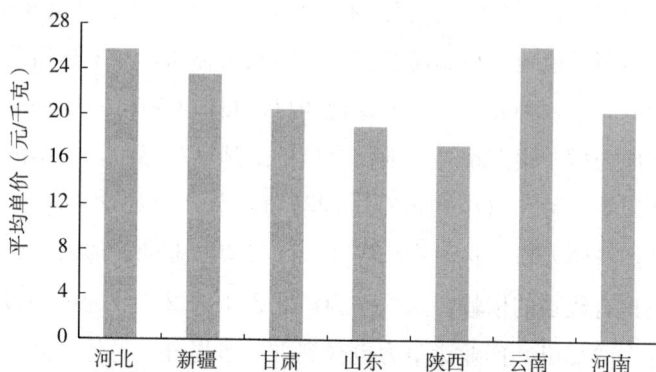

图 4-16　2020 年中国葡萄主产省份均价比较

（4）科技优势增强特色产业竞争力

虽然新品种选育、种子种苗标准、植株生长调控、重大病虫害绿色防控、产地加工、药用成分积累规律、质量安全控制等方面缺乏深入研究，但相关研究团队已对 30 多种大宗道地药材开展了规范化栽培技术的系列研究和技术集成等工作并取得一定成果。截至目前已制定国家中医药行业标准 30 余项，河北省中药材系列地方标准 80 余项；选育出中药材新品种和优良种质 20 余个并在生产中推广应用，等等，为中药材产业发展提供了优良的技术环境，中药材产业科技支撑能力明显加强。虽然河北省蔬菜育种水平与发达国家和先进省份仍有差距，但近年全省各地持续进一步加大科技投入和品种改良力度，以及通过蔬菜全程绿色高效生产技术等项目的持续建设，蔬菜品质、对自然灾害的抵御能力及单产水平等得到进一步提高；在精深加工技术方面，河北省农产品加工的深度、精度仍然相对落后，以水果产业为例，虽然河北省水果贮藏企业和冷库数量较多，但是规模较小，资金投入不足，技术水平有限，高精端的采后分选分级、清洗、包装、贮藏等现代化商品化处理手段占比有限，虽然近几年河北省果汁、果脯、果酒等加工业在国内具有一定的竞争力，但其加工类型和加工技术与国外先进水平相比仍存在较大差距。

4.2.2　河北省特色农业产业竞争力分析——以杂粮产业为例

4.2.2.1　政策支持

2015 年，河北省人民政府办公厅《关于加快转变农业发展方式的实施意见》提出，要优化粮食作物内部结构，以提质增效为目的，因地制宜发展杂粮杂豆。山地、丘陵、黑龙港等严重缺水地区适当压缩小麦、玉米种植面积，扩大抗旱、耐盐碱的优质谷子和高粱等杂粮作物种植面积，建设优质杂粮和经济作物产业带；坝上地区建设优质特色杂粮产业带。2017 年，河北省政府印发的《河北省农业供给侧结构性改革三年行动计划（2018—2020)》，明确要求制定特色优势农产品区域布局规划，杂粮位列其中；《河北省"十三五"脱贫攻坚规划》将杂粮产业作为特色种植业扶贫工程提出并在实践中进行了大力推进。2020 省委发布的《中共河北省委关于制定国民经济和社会发展"十四五"规划和二〇三五年远景目标的建议》中再次提出落实国家粮食安全战略和特色农产品优势区建设。

4.2.2.2　杂粮产业发展竞争力显示性指标分析

以《中国农村统计年鉴》数据为基础，通过计算单产、资源禀赋系数（EF）和市场占有率三个指标对河北省各品类杂粮的竞争力进行分析，结果如表 4-4 所示。

表 4-4　各杂粮主产区显示性指标测算表

品种	指标	河北	山西	内蒙古	陕西	吉林	黑龙江
谷子	单产（千克/公顷）	3 684.21	2 389.50	3 420.00	1 731.68	4 150.02	3 550.64
	EF*	5.27	11.63	15.13	1.94	4.22	2.30
	市场占有率（%）	18.62	20.18	26.57	5.06	5.16	3.22
高粱	单产（千克/公顷）	3 895.71	3 502.50	3 945.00	3 444.03	7 024.38	4 993.48
	EF	0.37	2.28	13.22	0.78	21.13	7.10
	市场占有率（%）	1.31	3.96	23.20	2.02	25.86	9.92
绿豆	单产（千克/公顷）	1 711.28	1 101.30	1 200.00	994.27	1 200.27	1 193.14
	EF	0.74	3.82	17.73	0.52	8.06	4.20
	市场占有率（%）	2.63	6.64	31.13	1.35	9.87	5.87

（续）

品种	指标	河北	山西	内蒙古	陕西	吉林	黑龙江
	单产（千克/公顷）	1 731.60	1 209.00	1 470.00	1 244.48	1 070.73	1 396.12
红小豆	EF	0.81	2.96	5.23	2.34	2.62	30.64
	市场占有率（%）	2.88	5.15	9.18	6.08	3.20	42.82

注：EF 代表资源系数。

数据来源：《中国农业年鉴》《中国农业统计资料》

河北、内蒙古和山西是我国谷子主要生产省份，近年来三地谷子总产量占全国谷子产量总和的近 70%。6 个省份资源禀赋系数大于 1，谷子资源较为丰富，其中河北省的 EF 值排名第三，说明河北省的谷子在市场中竞争优势较大。

吉林、内蒙古、黑龙江是我国高粱主要生产省份。2018 年三省高粱总产量占全国总产量的 58.98%。而河北省高粱的市场占有率仅为 1.31%。从各省的 EF 值来看，内蒙古和黑龙江均在 10 左右，最高的是吉林，达到了 21.13，而河北和陕西近年来均小于 1，说明河北省高粱不具有明显的市场竞争力。

吉林省和内蒙古自治区是绿豆主要生产省份，2018 年两省高粱总产量占全国绿豆产量的 40.99%。最高产量为内蒙古自治区的 21.20 万吨，占全国绿豆产量的 31.13%。其余省份的产量均在 4 万吨以下。河北省的 EF 值近年来都在 1 以下，资源较匮乏，在市场上没有明显的竞争优势。

红豆主要生产省份为黑龙江省，2018 年黑龙江省红豆产量占全国红豆产量的 42.82%，内蒙古、陕西、山西三省的红豆产量仅次于黑龙江。河北省近年红豆 EF 值均低于 1，和黑龙江相比红豆资源相对来说较为匮乏，在市场竞争上不具有明显的优势。

4.2.2.3 杂粮产业发展的比较优势分析

(1) 谷子

目前全国谷子种植面积较大的五个省份是河北、辽宁、山西、内蒙古、陕西，通过将河北省与其他四省份横向对比发现，河北省谷子生产无论是生产规模，还是生产效率均具有一定的优势。据测算，河北省谷子规模优势指数 2016—2018 年三年均值为 2.67，全国排名第四，仅次于山西、内蒙古和陕西；综合优势指数三年均值为 1.80，全国排名第三，仅次于山西和内蒙古；

效率优势指数均值为 1.22，全国排名第一，说明河北省谷子生产效率较高。

（2）高粱

选取高粱种植面积较大的内蒙古、吉林、黑龙江和贵州四个省份与河北省进行对比。贵州、吉林、内蒙古三省规模优势、综合优势明显，吉林、黑龙江效率优势明显，河北省规模优势指数、效率优势指数和综合优势指数均低于 1，说明河北省在高粱种植方面不具有明显的优势。

（3）燕麦

目前，全国燕麦种植面积排前五位的是河北、山西、内蒙古、云南和甘肃五省，通过横向对比发现，河北省具有明显的规模优势和综合优势。河北省燕麦规模优势指数为 5.51，仅次于内蒙古；综合优势指数为 2.55，排名第四。总体上，河北燕麦生产优势比较明显，但生产效率尚需提升。

（4）红小豆

选取红小豆种植面积较大的内蒙古、黑龙江、山西和陕西四个省份与河北省进行对比。黑龙江、陕西、内蒙古、山西四省规模优势、综合优势明显，河北省规模优势指数和综合优势指数均远低于 1，说明河北省红小豆种植总体上并不具有明显的优势，但生产效率方面具有一定的优势。

（5）绿豆

选取绿豆种植面积较大的山西、内蒙古、吉林和黑龙江四个省份与河北省进行对比。吉林、内蒙古和山西具有突出的规模和综合优势；河北省以上两指标均在 1 以下，但是效率优势指数三年均值为 1.22，四省之中排名第一。总体来看，河北省绿豆种植总体上无明显优势，但生产效率方面具有明显的优势。

4.2.2.4 河北杂粮品牌竞争力分析

第一，地理标志产品登记情况。根据全国农产品地理标志产品查询系统统计结果显示，截至 2020 年 10 月，河北省杂粮获得农产品地理标志登记产品 6 个，而同期山西、黑龙江、内蒙古三省获得农产品地理标志登记产品分别为 34 个、11 个和 13 个。从涉及品种数量看，河北省仅有 4 个，而山西省为 11 个。从登记时间上看，河北省品牌登记集中在 2011—2014 年，而山西省从 2008—2020 年持续增加新品牌。总体上看，河北省杂粮地理标志产品总量不足，品种少，品牌竞争力不足，需要相关部门加强引导推进。

第二，绿色产品认证情况。根据中国绿色食品网信息，选取认证有效期区间在2017—2023年间绿色产品，综合考虑产品数量和批准产量与河北省进行对比。在燕麦、谷子、高粱、红小豆、绿豆五个杂粮品种中，河北省仅有燕麦批准产量为23 550吨，排名第一，产品数量涉及6个（山西和内蒙古分别为11个和13个），处于中等水平，总体上竞争力较高；谷子绿色产品形成了一定规模，批准数量达到4 929.92吨，产品数量涉及8个，但远远低于山西104个品种99 729.41吨的批准产量、内蒙古78个品种58 319.60吨的批准产量和辽宁23个品种50 638.50吨的批准产量；高粱产品数量3个批准产量6 550吨，远低于内蒙古的10个品种33 628吨批准产量、黑龙江13个品种93 349吨批准产量和吉林5个品种97 756吨批准产量；红小豆、绿豆等杂粮绿色产品数量分别为2个和1个，批准产量分别为320吨和30吨，都远低于其他优势省份。总体上看，河北省杂粮绿色产品生产和认证有待进一步提高。

4.2.2.5 杂粮产品贸易竞争力分析

第一，河北省谷子产业近年来取得长足发展，形成了藁城、孟村、蔚县、曲周四大全国知名小米集散地，为本省谷子销售带来便利。其中藁城马庄小米集散地为全国最大，年均销售额在30亿元以上。

第二，河北虽然不是全国高粱主产区，但拥有黄骅这一全国知名的高粱贸易集散地，为河北省高粱生产者的原粮销售带来便利，搭建了河北省高粱产品与外省酒厂之间贸易往来的桥梁。

第三，张家口市是全国燕麦主产区之一，也是全国燕麦加工、销售集散地，靠近京津等交通枢纽，资源和区位优势显著。

第四，河北杂豆对外贸易具有一定的优势。其中，"鹦哥绿豆""崇礼蚕豆""冀红系列"红小豆等在国际市场具有较高的知名度。这些品牌为河北杂粮杂豆产品"走出去"树立了良好的形象。

5 | 河北省特色产业成本收益分析

本章以杂粮、中药材、蔬菜产业为例，以产业发展现状为基础，根据追踪实地调研获取的收益变动情况和影响因素两个角度进行分析，探究一系列需要解答的问题：成本收益近年变动情况如何，主要影响因素有哪些，如何影响，如何促进特色产业健康可持续发展，又如何充分利用发展特色产业促进脱贫攻坚与乡村振兴有效衔接，从政府及相关部分主体制定政策角度来看，应从哪些方面提出有针对性的对策建议？

5.1 杂粮产业种植成本收益分析

5.1.1 谷子产业

根据对河北省阳原、蔚县、丰宁、隆化、武安、广平、任县等谷子产地的调查，2018—2020 年河北省谷子呈现种植面积先降后增、单产下降、成本略增、价格增加、收益略降的格局。

5.1.1.1 产量

如图 5-1 所示，虽然 2018 年河北省谷子种植面积较 2017 年有较大幅度下降，但之后农户种植谷子的收益日益可观，且 2019—2020 年谷子价格保持连续上涨，导致近年种植户积极性增加。近两年河北省主产区种植面积较2018 年增加近 50%，整体与全国变化趋势一致。但调查发现，2019—2020 年全省谷子单产普遍下降，低于正常年份 10%～20%。究其原因，谷子播种及生长过程中不正常天气及病虫害对其出苗率、平均单产及总产量影响明显。具体来看，2019 年多地谷子抽穗灌浆期间，受到干旱及早霜等不正常气候影响较为严重，导致多地减产；2020 年谷子生长情况较上年仍未有明显改观，一方面播种期全省天气普遍干旱且气温较正常年份偏低，另一方面 8 月下旬至

9月份雨水偏多，导致线虫病、病毒病、白发病、谷瘟等病虫害较为严重，最终产量受到明显影响，黑龙港地区夏播品种减产6％左右，而春谷受影响最大，多地减产近20％。张家口地区五月份降雨偏少影响播种，生长后期雨水偏多，8311等常规品种倒伏严重，同时白发病增多，最终导致多地亩均减产5％～15％，由于张杂谷系列抗旱、抗病性较常规品种优势明显，所以主要集中在蔚县种植的如张杂13、张杂19等系列品种未出现明显减产。

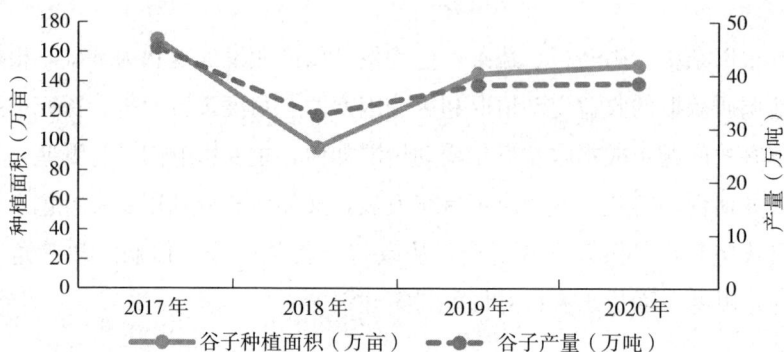

图5-1 2017－2020年河北省主产谷子种植面积和产量变化图

5.1.1.2 成本

表5-1和表5-2显示河北省各地谷子的生产成本变化趋势基本相同，2019—2020年与2018年相比呈现继续上升的趋势。目前种植区域分散，机械化程度低，成本结构不合理仍是制约谷子种植成本改善的关键因素，加之土地成本、劳动力成本继续上升，而化肥、农药等生产资料价格2019年与之前相比上涨幅度大多在5％以上，甚至部分达到20％，2020年突发新冠疫情又进一步助推了农资价格上涨，甚至年初除草剂价格出现了50％的阶段性上涨，虽然最终稳定在20％左右涨幅，但这些最终造成河北省谷子种植的总成本在2018—2020三年内逐年上涨，虽然轻简化栽培技术进一步推广，但程度有限，对降低成本作用不足。从规模经营户来看，机械化程度随着经营规模增加而随之提升，同时农药、肥料等农资平均成本降低，与散户相比种植成本优势明显。

种植规模、经营方式、产地政策甚至产品定位、经营管理方式等多种因素综合作用，如表5-2所示，丰宁黄旗皇公司、承德奥达农牧、邢台自然农庄等种植企业因有机种植，每亩总成本均在1 000元以上，丰宁黄旗皇公司因更加注重"精耕细作",亩均总成本达到 1 610 元,而其中"黄旗 1 号"种植因对土地、有机肥等品质有更高要求,每亩成本总投入超 2 000 元;宣化优特互联公司大白谷、青谷谷种免费,肥料来源于自有鸡场鸡粪,而土地又多为丘陵、坡地,每亩平均地租低至 250 元,所以虽同为有机种植模式,但最终亩均总成本只有 788 元,另外张承地区有机种植过程中间苗、除草、施肥、收割等环节更多使用人工,最终使该地区每亩总成本中人工成本远远高于河北省平均水平;邢台任县后大宋社区因"土地银行"项目使 2020 年当地多数种植户未实质支付土地租金,从而大大节约了土地成本,最终亩均总成本降至 327 元,远低于河北省平均水平。

表 5 - 1   2018—2020 年河北省谷子成本对比一览表

单位:元/亩

年份	土地租金	种子	整地播种	肥料	农药	生物防治	灌溉	收获	其他费用	总成本
2018	320.5	60	25	57	15	0	62	80	15.5	635
2019	330.7	62	25	62	15.8	0	70	85	6	653.5
2020	337.9	61	25	63	16.4	0	70	87	8.6	668.9

数据来源:根据调研数据整理

表 5 - 2   2020 年河北省不同地区、不同经营主体谷子种植成本对照表

单位:元/亩

经营主体	土地租金	种子	整地播种	肥料	农药	生物防治	灌溉	人工除草	收获	其他费用	总成本
黄旗皇公司-丰宁	550	0	50	380	0	0	0	200	300	130	1 610
奥达农牧公司-承德	600	0	80	150	0	0	0	180	300	50	1 360
自然农庄公司-邢台	1 070	60	40	140	0	0	60	0	60	0	1 430
后大宋社区-任县	0	100	60	40	67	0	0	0	60	0	327
优特互联小米公司-宣化	250	0	80	40	30	0	50	170	150	18	788

数据来源:根据调研数据整理

5.1.1.3 价格

供需结构、天气情况、市场主体心态及操作行为等均为影响谷子价格的重要因素,针对张家口、邯郸、衡水等地谷子价格监测显示,2018 年平均单价 4.4 元/千克,2019 年平均单价 4.84 元/千克,2020 年平均单价 5.12

元/千克，年度整体价格呈现上升趋势。

2020年综合河北省冀谷、张杂3号和8311三大类主要谷子品种价格均值统计结果显示，2020年谷价波动频繁，整体呈现涨-跌-涨的变化趋势。第一季度2月份国内疫情发展蔓延，多地区交通及物流条件受限，1～3月份谷子均价4.88元/千克，第二季度谷价涨至全年最高点6.42元/千克后进入回落调整期，季度中下旬谷价回落调整，淡季需求疲软，谷价持续下滑。7～9月份新陈粮交替，新粮上市后价格持续下滑，农户、粮贩及粮商出货积极性提高，但需求持续萎缩，在供需矛盾影响下谷价偏弱，9月份因总产量增加明显，新粮上市后价格持续下滑，至9月30日谷子均价为5.06元/千克，较上季度累计下跌22.5%。第四季度10月中下旬谷价止跌进入上涨通道，11～12月份价格涨至均价5.30元/千克左右。整体来看，河北省各产地谷子价格平均价格和全国趋势类似，呈现波动上涨趋势（图5-2、图5-3）。

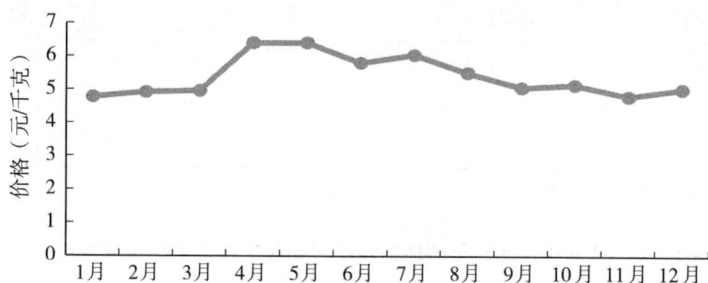

图5-2 2020年河北省谷子产地价格行情

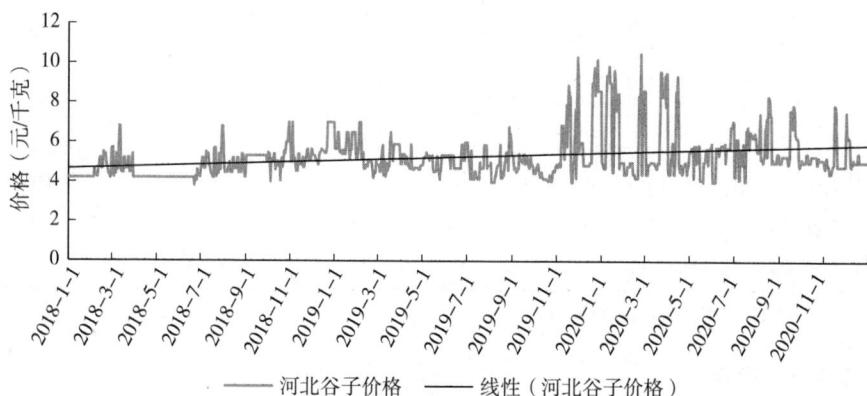

——河北谷子价格 ——线性（河北谷子价格）

图5-3 2018—2020年河北省谷子产地价格行情

5.1.1.4 收益

2019年、2020年全省谷子存在普遍减产情况，加之生产成本略有上升，导致每亩谷子种植收益较 2018 年有所下降。如表 5-3 所示，2018 年谷子产值为 1 251 元，减去成本后利润为 616 元，产投比 1.97；2019 年谷子产值为 1 245.8 元，减去成本后利润为 592.3 元，产投比 1.91；2020 年谷子产值为 1 310.4 元，减去成本后利润为 575.7 元，产投比 1.78。根据调研情况从整体上看，黑龙港流域具有一定的品种优势、地域优势，虽然 2020 年普遍存在减产，但占播种面积 70% 左右的夏谷减产幅度远低于春谷，平均每亩种植收益仍高于省内其他地区，达亩均 636 元；因售价方面有机种植远高于常规种植，所以亩均收益可观，2020 年黄旗皇公司"黄旗 1 号"品种在略有减产的情况下亩均收益仍在 1 300 元以上；除地域、种植方式外，品种差异对谷子收益的影响也较为显著，自然农庄农产品有限公司自主开发的优质谷种"汇华金米"亩产 250～300 千克，自行加工出米率 60%～65%，小米精包装售价 30 元/千克，承德奥达农牧有限公司主推品种"鹿角白"亩产 250 千克左右，自行加工出米率 65%～70%，加工为小米后根据是否有机种植精包装售价分别为 40 元/千克、20 元/千克。

表 5-3　2018—2020 年谷子亩均收益对比分析一览表

单位：元/亩

年份	土地成本	人工成本	物质费用	产值	利润	产投比
2018	320.5	88	226.5	1 251	616	1.97
2019	330.7	93	229.8	1 245.8	592.3	1.91
2020	339.1	101	294.6	1 310.4	575.7	1.78

数据来源：根据调研数据整理

5.1.2　高粱种植成本收益分析

根据对河北省桃城、阜城、饶阳、黄骅等高粱主产地的调查，2018—2020 年河北省高粱呈现种植面积先增后降、单产下降、成本略增、价格上升、收益略减的格局。

5.1.2.1　产量

高粱产业在河北省占有重要的地位，黄骅市是全国高粱大型贸易市场之一，是全国高粱产区和销区的纽带。全省高粱种植面积至 2019 年超过 15 万亩，较 2018 年增长明显，但 2020 年黑龙港流域春季遭遇干旱，部分种植户错过播种期改种其他农作物，导致整体播种面积较上年下降 5% 左右，此外价格水平的高低、种植收益是否可观仍为主导面积变化的关键因素。单产方面，上年全省高粱种植普遍在拔节、出穗期受到干旱的影响，导致单产略降，但总产量较前一年度仍略有增长；而 2020 年 8～9 月灌浆期雨水增多，导致病虫加重，外加农药防治效果不明显，总体产量减少，占河北省高粱播种面积 70% 左右的冀酿系列品种亩产均在千斤以下，除此之外红缨子和新湘粱系列品种，亩产分别降至 250～300 千克和 350～400 千克。

5.1.2.2 成本

如表 5-4 所示，2019 年、2020 年高粱种植平均成本较 2018 年均有所增加。与 2019 年因为干旱，同时农药、化肥等价格的上涨，使其种植成本较上年有所增加相比，2020 年，高粱主要种植区域受 8～9 月雨水偏多影响，杂草及病虫害与往年较为严重，导致除草成本及防治病虫害成本有所增加，加之受突发疫情影响，农资成本上升幅度较大，最终使当年种植成本继续增加。具体以表 5-5 所示衡水阜星高粱种植情况为例。高粱与其他作物相比，虽然肥料消耗在物质费用中占比较大，但物质费用总体较其他多种作物消耗较少，同样受 2020 年疫情影响，农资费用较往年有所增加，另外，为保证高粱品质，公司采用生物防治技术，利用赤眼蜂防治病虫害，平均费用 34 元/亩。

表 5-4　2018—2020 年河北省高粱成本对比一览表

单位：元/亩

年份	土地租金	种子	整地播种	肥料	农药	生物防治	灌溉	收获	其他费用	总成本
2018	335.5	20.5	25.5	53.0	16.5	23.0	67.5	75.0	29.5	646.0
2019	358.5	20.8	30.2	67.5	22.5	17.0	71.5	78.5	0.0	666.5
2020	360.6	21.2	28.7	73.5	29.3	20.6	60.0	80.1	2.1	676.1

数据来源：根据调研数据整理

表 5-5　2020 年衡水阜星公司高粱种植成本一览表

单位：元/亩

经营主体	土地租金	种子	整地播种	肥料	农药	生物防治	灌溉	除草	收获	其他费用	总成本
阜星农业科技有限公司	300	28	26	130	20	34	50	16	65	20	689

数据来源：根据调研数据整理

5.1.2.3 价格

针对邯郸、衡水、沧州等地高粱价格监测显示，2018—2020 年价格呈整体上涨趋势，2018 年平均单价 2.30 元/千克，2019 年平均单价 2.74 元/千克，2020 年平均单价 2.82 元/千克（图 5-4）。2020 年第一季度高粱市场购销冷清，因突发新冠疫情各地货源流通减少，高粱市场购销氛围冷淡，价格波动较平缓，1~3 月份高粱价格 3.18 元/千克左右，4~5 月份基层农户余粮无几，粮库压货一定量库存，市场粮源供应偏紧，在疫情得到控制，各地物流恢复后，高粱价格拉高至 3.32 元/千克左右，第三季度 8 月份因天气多雨，单产小幅减产，高粱价格出现上涨趋势，截至 9 月底，高粱价格 3.66 元/千克，较 7 月中旬涨幅约 7.6%，10~12 月份在供需关系、资金杠杆、市场心态等多方面因素影响下，高粱价格出现较大幅度的上涨。截至 10 月末，高粱收购价参考 4.26 元/千克，10~12 月份高粱价格 4.06 元/千克左右（图 5-5）。

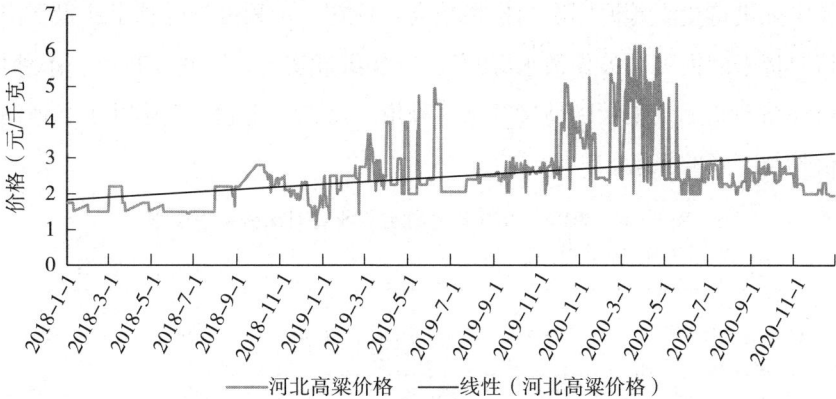

图 5-4　2018—2020 年河北省高粱产地价格行情

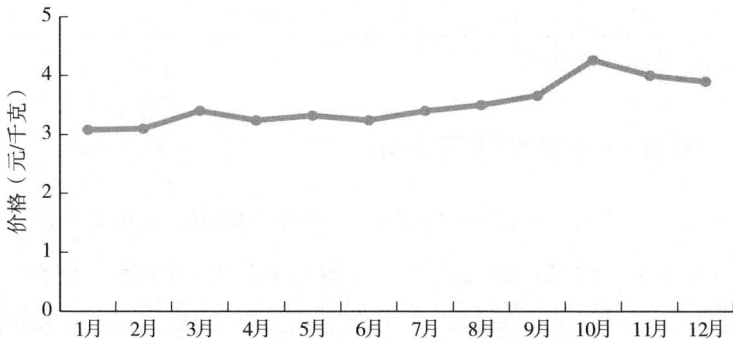

图 5-5　2020 年河北省高粱产地价格行情

5.1.2.4 收益

由于 2019 年、2020 年高粱单产较 2018 年有所下降,而价格虽上升但幅度有限,最终导致高粱每亩收益水平略降。如表 5-6 所示,2018 年高粱产值为 1 265.3 元,减去成本后利润为 611.3 元,产投比 1.93;2019 年高粱产值为 1 256 元,减去成本后利润为 577.5 元,产投比 1.85;2020 年高粱产值为 1 243.7 元,产投比 1.81,整体收益水平略降。高粱品种差异、土地政策不同等情况均导致高粱种植成本存在差异,最终造成纯收益也会存在一定差距。实地调研情况显示,近年来占河北省播种面积 70% 左右的春播高粱收益水平通常会高于夏播高粱,但 2020 年春播品种因播种期 4 月中下旬干旱且 8 月雨水偏多而最终影响产量,这在一定程度上导致春播品种收益优势受到影响。目前占黑龙港地区种植面积 70% 左右的冀酿 2 号、冀酿 3 号、冀酿 4 号等系列品种因亩产较其他品种较高,加之 8 月之前因疫情以及贸易摩擦进口受阻等原因国内价格较高,这在一定程度上弥补了产量下降给种植户带来的损失。另外衡水等地 2020 年继续实行"一季休耕、一季种植"每亩补贴 500 元政策鼓励高粱等杂粮种植,这在一定意义上弥补了当地高粱种植收益下降的风险。

表 5-6 2018—2020 年高粱亩均收益对比分析一览表

单位:元/亩

年份	土地成本	人工成本	物质费用	产值	利润	产投比
2018	303.5	75	275.5	1 265.3	611.3	1.93
2019	310.5	78	290	1 256	577.5	1.85
2020	312.3	80	293.5	1 243.7	557.9	1.81

数据来源:根据调研数据整理

5.1.3 燕麦种植成本收益分析

张家口地区是河北省燕麦的主产区,也是全国燕麦的重要产区。根据对张家口地区康保、尚义、张北、万全等燕麦主产地的调查,2018—2020 年河北省燕麦呈现单产先增后稳、成本稳定及价格上涨、收益先增后持平的格局。

5.1.3.1　产量

2019—2020 年张家口地区燕麦播种面积较 2018 年有所增加，2019 年单产增加明显，2020 年也维持了较高的水平。其中 2019 年由于当地降雨、光热等气候条件良好，对燕麦生长及收获非常有利，亩产较 2018 年普遍增加 20% 以上；到 2020 年，虽然主产区存在 8 月雨水偏多情况，但仅出现小部分倒伏，未形成明显减产，与 2019 年亩产情况基本持平。产品品种、种植技术逐年提升也是近年燕麦主产区亩产可观的主要原因。燕麦生产企业谷之禅 2020 年选用张家口农科院研发抗旱、抗贫瘠新品种冀张莜 15 号，在试种土地品质较低的情况下亩产仍能达 150 千克以上，与较好地块种植的坝莜 14、坝莜 18 两品种产量相当。

5.1.3.2　成本

与其他杂粮杂豆品类相比，燕麦种植总体成本相对较低，不仅肥料、农药等费用消耗占比较小，因河北省燕麦产地以张家口为主且多为旱地，所以土地成本也较低。与 2018 年相比，2019—2020 年河北省燕麦种植成本略增，但上升空间有限，波动不明显，如表 5-7 所示，2018 年平均总成本为每亩 235.0 元，2019 年、2020 年每亩种植成本在 250 元上下。和其他农作物类似，散户和种植大户之间种植成本差异较大，由于机械化作业水平高、管理完善规范等优势，总成本仍明显低于散户。

表 5-7　2018—2020 年河北省燕麦成本对比一览表

单位：元/亩

年份	土地租金	种子	整地播种	肥料	农药	生物防治	灌溉	收获	其他费用	总成本
2018	50	40	25	25.5	9.5	0	15	70	0	235.0
2019	55	45	25	30.5	11	0	10	75	0	251.5
2020	57	47	25	31.8	10.4	0	10	77	0	258.2

数据来源：根据调研数据整理

5.1.3.3　价格

2018 年全省燕麦平均单价 3.0 元/千克，2019 年平均单价 3.30 元/千克，2020 年平均单价 3.56 元/千克，年度间整体价格形成上升趋势（图 5-6），除国际大环境导致燕麦进口量减少这一因素之外，城乡居民对燕麦营养价值认知的逐步提升以及疫情之下全民保健意识增强也是一个重要原因。如图 5-7，根据对裸燕麦主要产区张北县监测结果显示，2020 年相比于 2019 年而言，2020 年全年燕麦价格高位运行，整体呈现涨-跌-涨趋势。其中前两个季度沿袭 2019 年后期燕麦价格相对良好的上涨态势，维持了价格的高位运行，仅在 3 月份价格短暂下跌后又持续上涨，7 月价格达到 5.0 元/千克，之后经历 3 个月的缓慢下降后价格迅速下调，9 月价格由 3.5 元/千克降至 3.2 元/千克，然后一路调整进入一个相对平缓的上升状态。

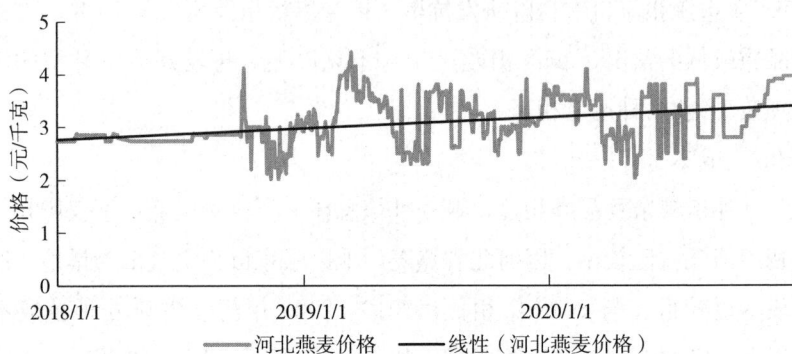

图 5-6　2018—2020 年河北省燕麦产地价格行情

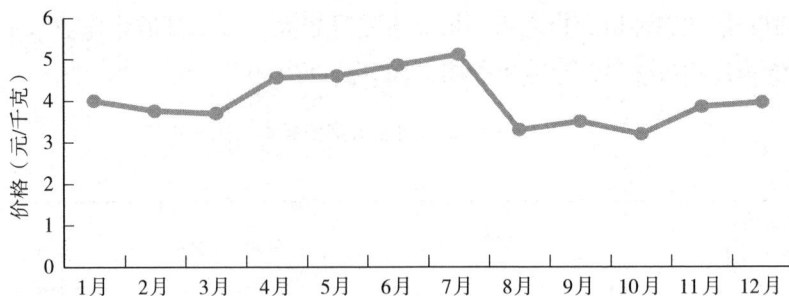

图 5-7　2020 年河北省燕麦产地价格行情

5.1.3.4　收益

2019—2020 年相比 2018 年河北省燕麦每亩收益明显增加。如表 5-8 所示，2018 年燕麦产值为 332 元，减去成本后利润为 97 元，产投比 1.41；2019 年燕麦产值为 423.5 元，减去成本后利润为 171.5 元，产投比 1.68；2020 年燕麦产值为 446.8 元，减去成本后利润为 188.6 元，产投比 1.73。近两年燕麦种植单产增加、价格上升，且成本未出现较大波动，基本保持平稳态势，收益最终呈现较大增长。虽然燕麦种植大户的集约化经营程度和机械化水平较高，在成本节约方面优势显著，但部分散户更加注重精耕细作，所以存在散户每亩收益和规模种植户相比更为可观的情况，如张北油篓沟村种植户田淑琴 2020 年种植的 3.5 亩坝莜 1 号燕麦，因管理精细，亩产达 200 千克，不过这一情况不具有普遍性。

表 5 - 8　2018—2020 年燕麦亩均收益对比分析一览表

单位：元/亩

年份	土地成本	人工成本	物质费用	产值	利润	产投比
2018	50	87	98	332	97	1.41
2019	55	95	101.5	423.5	171.5	1.68
2020	57	97.2	104	446.8	188.6	1.73

数据来源：根据调研数据整理

5.1.4　杂豆种植成本收益分析

根据对河北省任县、武安、阳原等食用豆产地的调查，2018—2020 年河北省食用豆呈现单产大幅下降后上升、成本略增、价格略增、收益先降后上升的格局。

5.1.4.1　单产

受生产方式传统、技术滞后、欠缺规模经营、机械化水平较低等因素的影响，河北省杂豆类作物种植优势不明显，2020 年全省各类杂豆种植面积总计近在 40 万亩。以红小豆为例，受价格涨跌、种植收益变化、政策等影响，2018—2020 年种植面积逐年减少，这一趋势同全国一致。2018 红小豆、绿豆受高温高湿天气及病虫害影响，产量受损较严重，加之没有政策补贴，最终收益较低，导致 2019—2020 年种植面积大幅度下降，但 2020 年降幅放缓。单产方面，2019 年单产虽有所下降，但 2020 年回升明显，因绿豆、红小豆植株较矮等特征，夏季雨水偏多情况未对其生长产生明显不利影响，2020 年部分地区亩产接近 175 千克/亩，高于上年同期，而阳原绿豆平均亩产 119 千克且豆子质量尚可，不同品种对亩产影响较大，河北省农林科学院培育的冀绿 20、0911 亩产近 150 千克，张家口农科院培育的鹦哥 2 号平均亩产达 225 千克。随着优质新品种的推行，当前河北省农业种植结构进一步优化等政策的实施以及近年价格持续回升，农户对杂豆等农作物种植积极性应会逐步有所增强。

5.1.4.2 成本

如表 5-9 所示，2020 年红小豆、绿豆每亩平均成本均在 460 元上下，多数杂豆种植选用土地较为贫瘠或为偏远地区，所以土地成本相比其他农作物较低。各类杂豆种植过程中物质成本虽消耗较少，但由于疫情等原因导致的农资价格上涨也对各类杂豆种植成本产生了一定程度影响。以绿豆种植为例，通过对阳原县要家庄乡王府庄村调研发现，人工成本较高仍然是制约成本下降的重要因素，而机械收获导致籽粒破损率较高的弊端仍然未能从技术上克服；张北徐东旭芸豆、蚕豆基地采用品种与技术结合、品种与机械结合、技术与机械结合三结合方式种植，水肥一体、两段收割，在一定程度上节约了物质成本，但因蚕豆种植选地优良，地租达 500 元/亩，最终亩均成本在 1 100 元左右。

表 5-9　2018—2020 年河北省杂豆平均成本对比一览表

单位：元/亩

年份	品种	土地租金	种子	整地播种	肥料	农药	生物防治	灌溉	收获	其他费用	总成本
2018	绿豆	243	15.5	20	77.5	14.3	0	12.3	105	0	487.6
	红小豆	245	15.5	20	77.5	14.3	0	28.4	100	0	490.7
2019	绿豆	255	17.5	27.5	80	7.5	0	31	109	1.5	529
	红小豆	255	22.5	20	80	7.5	0	32	109	0	526
2020	绿豆	262	18.7	27	80.5	12.8	0	24	114	0	539
	红小豆	264	21.5	23.2	80.5	13.8	0	26	108	0	537

数据来源：根据调研数据整理

5.1.4.3 价格

针对邯郸、邢台等地杂豆价格监测显示，2018 年绿豆平均单价 7.02 元/千克，红小豆 5.30 元/千克；2019 年绿豆平均单价 7.68 元/千克，红小豆 6.64 元/千克；2020 年绿豆平均单价 8.32 元/千克，红小豆 7.90 元/千克，年度整体价格呈现上升趋势（图 5-8、图 5-10）。如图 5-9 所示，2020 年绿豆价格呈现先涨-跌-涨趋势。第一季度市场贸易活跃度较低，同时受疫情影响，市场成交量不大，3 月底 4 月初各产区封路，粮商收购受限，绿豆价格出现小幅度上涨。第二季度绿豆价格稳中有升，4～6月份绿豆均价 8.78 元/千克左右。第三季度陈粮质量差，价格从 7 月初的 8.8 元/千克，跌至 8.04 元/千克。第四季度新粮陆续上市，新季绿豆截至 10 月底均价 10.2 元/千克，11～12 月价格又略呈下降趋势，在 9.12 元/千克左右，但整体仍比上年同期有较大提升。如图 5-11 所示，2020 年红小豆价格整体呈现上涨态势。1～3 月春节前后市场情况和绿豆类似，市场贸易活跃度低，价格稳定在 7.76 元/千克上下。第二季开始至五一期间价格延续 4 月偏强走势，至季度末平稳在均价 9.12 元/千克上下。第三季度由 7 月初的 8.62 元/千克下降到 9 月底的 8.26 元/千克。第四季度新粮陆续上市，红小豆价格涨至高点，10 月中上旬价格上涨，下旬价格小幅回落。截至 10 月 31 日，红小豆价格 9.92 元/千克，11～12 价格受需求影响在 0.40 元/千克以内窄幅波动。

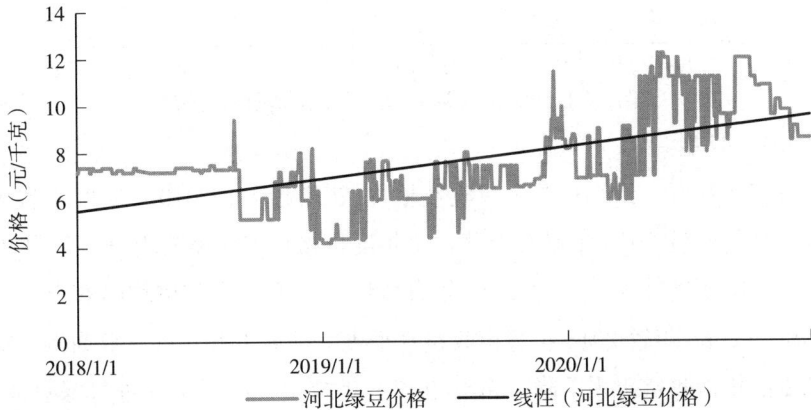

图 5-8　2018—2020 年河北省绿豆产地价格行情

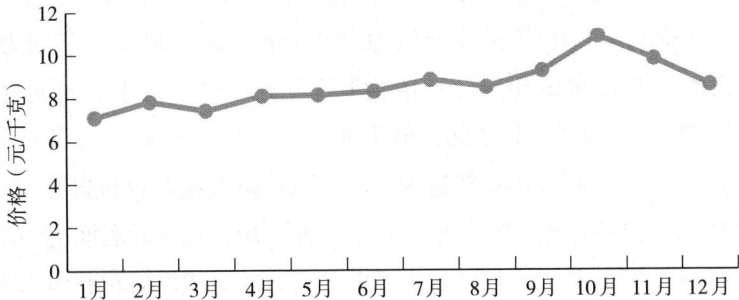

图 5-9　2020 年河北省绿豆产地价格行情

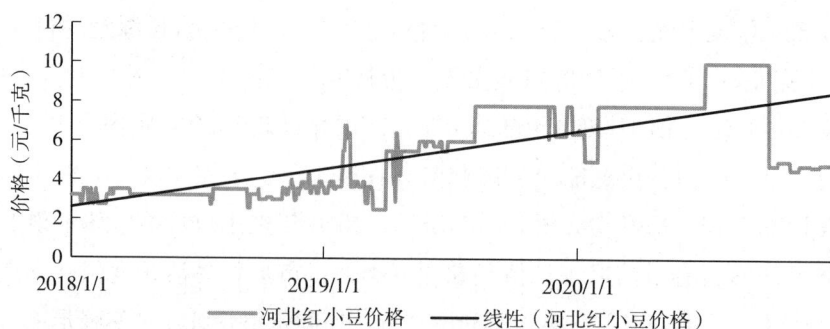

图 5 - 10 2018—2020 年河北省红小豆产地价格行情

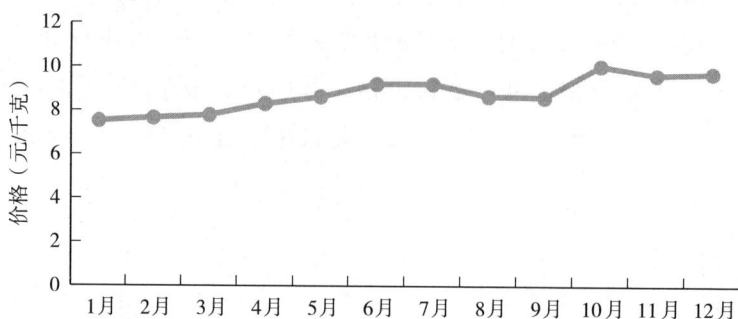

图 5 - 11 2020 年河北省红小豆产地价格行情

5.1.4.4 收益

近三年绿豆、红小豆等杂豆收益呈现减-增趋势。2019—2020 年省内杂豆的平均售价较 2018 年略有上涨,整年度价格稳定中略有上升,但是 2019 年单产下降幅度较大,虽然 2020 年有所恢复,但成本整体均略有上升,导致 2019—2020 年较 2018 年每亩收益水平先下降后上升。以绿豆为例,2018 年较之前年份收益出现下降,亩产也较上年减少,同时又受进口绿豆冲击,价格走低,最终导致收益下降,影响农户种植积极性。2019 年亩均收益继续下降,至 2020 年因产量回稳、价格上升,最终收益增加,但增幅有限。如表 5 - 10 所示,2018 年绿豆产值为 709.7 元,减去成本后利润为 222.1 元,产投比 1.46;2019 年绿豆产值为 687.5 元,减去成本后利润为 158.5 元,产投比 1.30;2020 年绿豆产值为 848 元,减去成本后利润为 205 元,产投比 1.57;2018 年红小豆产值为 737.4 元,减去成本后利润为 246.7 元,产投比 1.50;2019 年红小豆产值为 688.2 元,减去成本后利润为 162.2 元,产投比 1.31;2020 年红小豆产值为 898.8 元,减去成本后利润为 259.8 元,产投比 1.67。总体来看,绿豆、红小豆等杂豆相对于其他农作物而言,产量较低，价格不高，人工投入大，病虫害多，不适合连作，而河北省杂豆种植环节管理水平整体较低，规模种植及加工企业数量有限，这些均导致2018—2020年各类杂豆种植收益受到不同程度影响。

表 5‐10 2018—2020 年杂豆均收益对比分析一览表

单位：元/亩

年份	品种	土地成本	人工成本	物质费用	产值	利润	产投比
2018	绿豆	243	118	126.6	709.7	222.1	1.46
	红小豆	245	120	125.7	737.4	246.7	1.50
2019	绿豆	255	135	139.0	687.5	158.5	1.30
	红小豆	255	128	143.0	688.2	162.2	1.31
2020	绿豆	262	136	141.0	848.0	205.0	1.57
	红小豆	264	130	143.0	898.8	259.8	1.67

数据来源：根据调研数据整理

5.1.5 杂粮种植收益影响因素分析——以谷子为例

5.1.5.1 变量的选取与数据来源

（1）变量选取

本文综合了谷子种植过程中成本和收益的变动趋势分析中发现的问题，剔除了物质服务费中比重10%以下的农药费和工具材料及维护修理费，参考国内外对成本收益影响因素的相关研究并结合河北省谷子种植的实际情况，为探究谷子种植收益影响因素的影响程度，在不考虑技术进步的情况下，尝试引入了"产投比"——变量中其他变量指标组合而成的比例结果，这一可以表示谷子种植规模的指标来由果导因，探究产投比的高低对谷子净利润的影响，并引用"河北省谷子主产区年平均降水量"及人为可控的"播种面积"外部因素等，选取的各项变量指标及所包含的项目见表5‐11。

表 5‐11 谷子种植要素分类及指标体系确立

变量	指标表示	单位	包含的项目
净利润	Y	元	净利润
产投比	X_1	％	产投比

（续）

变量	指标表示	单位	包含的项目
单产	X_2	千克/公顷	单产
平均出售价格	X_3	元/公顷	每50千克主产品平均出售价格
化肥费	X_4	元/公顷	化肥费用
种子费	X_5	元/公顷	种子费
农家肥费	X_6	元/公顷	农家肥费
畜力费	X_7	元/公顷	畜力费
机械作用费	X_8	元/公顷	机械作业费
排灌费	X_9	元/公顷	排灌费、水费
间接费用支出	X_{10}	元/公顷	固定资产折旧、税金、管理费、销售费
人工成本	X_{11}	元/公顷	家庭用工折价、雇工费用
土地成本	X_{12}	元/公顷	流转地租金、自营地折租
降水量	X_{13}	亿立方米	河北省谷子主产地年降水量平均值
播种面积	X_{14}	公顷	河北省谷子播种面积

（2）数据来源

本文选取谷子净利润，作为被解释变量，选取产投比、单产、平均出售价格、各成本费用等及外部因素的各指标变量，作为解释变量，对谷子净利润的影响因素的影响程度进行实证研究。本部分数据均来自《河北省农村统计年鉴》2002—2016 年的相关数据。

5.1.5.2 模型的建立及检验

（1）实证模型的建立

本文利用 SPSS22.0 软件对实证模型进行了多元回归分析，探究河北省谷子净利润的影响因素及其相关因素的影响程度。模型中 Y 是被解释变量——净利润，X 是解释变量——各影响因素。特征值 βt（$t=0$，1，2，3，…）是被解释变量净利润相对于其他自变量的敏感性系数；μ 为误差项，并服从（0，σ）分布。软件自动剔除了种子费（X_5）和排灌费（X_9）这两个变量，多元回归模型如下：

$$Y=\beta_0+\beta_1 X_1+\beta_2 X_2+\beta_3 X_3+\beta_4 X_4+\beta_6 X_6+\beta_7 X_7+\beta_8 X_8+$$
$$\beta_{10} X_{10}+\beta_{11} X_{11}+\beta_{12} X_{12}+\beta_{13} X_{13}+\beta_{14} X_{14}+\mu$$

（2）拟合优度检验

首先，利用 SPSS22.0 对回归模型进行分析，分析结果见表 5-12。其

中 R 是解释变量与被解释变量的相关系数，R^2 为判定系数，调整后的 R^2 是调整后的判定系数。通过表 5-2 可知，残差序列独立性检验中，德宾-沃森检验的值为 2.691，可以认为，残差序列无自相关；解释变量与被解释变量的相关系数为 0.999，判定系数为 0.997，调整后的判定系数为 0.966，接近于 1，结果说明，该方程拟合优度较高。

表 5-12 模型摘要[b]

R	R^2	调整后 R^2	标准估算的错误	德宾-沃森
0.999[a]	0.997	0.966	54.011	2.691

a. 预测变量：（常量），X_1 产投比，X_2 单产，X_3 平均出售价格，X_4 化肥费，X_6 农家肥费，X_7 畜力费，X_8 机械作用费，X_{10} 间接费用支出，X_{11} 人工成本，X_{12} 土地成本，X_{13} 降水量，X_{14} 播种面积. b. 因变量：净利润.

(3) 显著性检验及共线性诊断

在模型描述的基础上利用 SPSS 22.0 对模型进行回归系数显著性检验，检验结果如表 5-13 所示。根据方程的回归显著性检验，其中表中 t 代表 T 检验统计量的观测值，显著性表示 T 检验对应的 p 值。假定显著性水平 α 为 0.05，所有解释变量的回归系数显著性检验 t 检验的概率值都大于显著性水平 α，因此不能拒绝原假设，它们与被解释变量净利润的线性关系是不显著的。根据表 5-14 的共线性诊断，从方差比来看，这些变量之间存在多重共线性的可能非常大。从条件指标观察，解释变量 X_6、X_7、X_8、X_9、X_{10}、X_{11}、X_{12}、X_{13} 条件指数都大于 10，说明解释变量之间的确存在多重共线性。

表 5-13 回归系数分析表

	未标准化系数 B	标准错误	标准化系数 Beta	T 值	显著性
常数	−1 848.232	1 002.138		−1.844	0.316
产投比	369.238	161.792	0.562	2.282	0.263
单产	1.621	4.565	0.196	0.355	0.783
平均出售价格	2.41	1.184	0.616	2.035	0.291
化肥费	−1.935	5.614	−0.274	−0.345	0.789
农家肥费	−3.274	7.924	−0.108	−0.413	0.751

（续）

	未标准化系数 B	标准错误	标准化系数 Beta	T 值	显著性
畜力费	−0.458	14.463	−0.011	−0.032	0.98
机械作业费	3.906	8.757	0.417	0.446	0.733
间接费用	−1.409	3.521	−0.053	−0.4	0.758
人工成本	−0.517	1.52	−0.263	−0.34	0.791
土地成本	2.598	4.124	0.314	0.63	0.642
降水总量（亿立方米）	−0.068	0.443	−0.026	−0.152	0.904
种植面积	0.219	0.229	0.474	0.957	0.514

表 5-14　共线性诊断表

维	特征值	条件指标	方差比例												
			β_0	X_1	X_2	X_3	X_4	X_6	X_7	X_8	X_{10}	X_{11}	X_{12}	X_{13}	X_{14}
1	10.861	1	0	0	0	0	0	0	0	0	0	0	0	0	0
2	1.037	3.237	0	0	0	0	0	0	0	0	0.06	0	0	0	0
3	0.564	4.387	0	0	0	0	0	0	0	0	0.01	0	0	0	0
4	0.328	5.754	0	0	0	0	0	0	0.01	0	0.03	0	0	0	0
5	0.115	9.733	0	0	0	0	0.01	0	0.01	0	0.07	0	0	0	0
6	0.048	15.02	0	0.01	0	0	0.01	0	0	0.03	0.06	0	0	0	0
7	0.029	19.468	0	0.01	0	0	0.01	0.15	0	0	0.14	0.01	0	0	0
8	0.011	31.352	0	0	0	0.01	0.01	0	0	0.01	0	0	0.03	0.04	0
9	0.003	56.486	0	0.06	0	0	0.06	0.02	0.04	0.05	0.14	0	0.12	0.08	0.01
10	0.003	65.016	0.01	0.36	0	0	0.44	0	0.16	0.02	0.01	0.02	0.03	0.02	0
11	0.001	119.031	0	0.02	0.01	0.12	0.57	0.48	0.02	0.51	0.29	0.01	0.03	0.06	0.03
12	0	212.529	0.29	0.35	0.5	0.17	0.04	0.04	0.01	0.02	0.19	0.55	0.01	0.64	0.01
13	9.40E−05	339.92	0.7	0.2	0.48	0.16	0.37	0.27	0.71	0.44	0	0.4	0.77	0.15	0.95

（4）解决多重共线性

通过前面几节的分析，发现对原回归模型的分析无法继续，各解释变量之间存在多重共线性的问题，使用主成分分析方法以期解决多重共线性。运用 SPSS 22.0 软件对以上模型中的解释变量数据进行主成分分析，数据输出的 KMO 值为 0.518，显著水平为 0.000，小于显著水平 0.05，3 个因子能够代表 84.461% 的被解释变量（表 5-15），因此数据做主成分分析得出的结果可以接受。主成分分析见表 5 - 16：

表 5 - 15　因子特征值及方差贡献率

成分	特征值	占方差百分比	累计贡献率
因子 1	6.326	52.717	52.717
因子 2	2.185	18.207	70.925
因子 3	1.624	13.536	84.461

提取方法：主成分分析法

表 5 - 16　特征值所对应的特征向量

成　　分	因子 1	因子 2	因子 3
产投比（X_1）	0.261	0.702	0.591
单产（X_2）	0.808	−0.154	−0.247
平均出售价格（X_3）	0.801	0.184	0.427
化肥费（X_4）	0.643	0.7	−0.178
农家肥费（X_6）	0.662	−0.6	−0.274
畜力费（X_7）	0.223	−0.579	0.729
机械作业费（X_8）	0.747	0.487	−0.419
间接费用（X_{10}）	−0.687	0.135	−0.347
人工成本（X_{11}）	0.828	−0.386	−0.293
土地成本（X_{12}）	0.95	−0.104	0.072
降水量（X_{13}）	0.716	−0.14	0.067
播种面积（X_{14}）	−0.965	−0.122	−0.04

提取方法：主成分分析法

根据特征向量可得各主成分表达式如下：

$$Y = \alpha_0 + \alpha_1 S_1 + \alpha_2 S_2 + \alpha_3 S_3$$

根据分析得出的主成分因子构建新回归模型：

$$S_1 = 0.261X_1 + 0.808X_2 + 0.801X_3 + 0.643X_4 + 0.662X_6 + 0.223X_7 + 0.747X_8 - 0.687X_{10} + 0.828X_{11} + 0.95X_{12} + 0.716X_{13} - 0.965X_{14}$$

$$S_2 = 0.702X_1 - 0.154X_2 + 0.184X_3 + 0.7X_4 - 0.6X_6 - 0.579X_7 + 0.487X_8 + 0.135X_{10} - 0.386X_{11} - 0.104X_{12} - 0.14X_{13} - 0.122X_{14}$$

$$S_3 = 0.591X_1 - 0.247X_2 + 0.427X_3 - 0.178X_4 - 0.274X_6 +$$
$$0.729X_7 - 0.419X_8 - 0.347X_{10} - 0.293X_{11} + 0.072X_{12} +$$
$$0.067X_{13} - 0.04X_{14}$$

其中 Y 代表净利润、α_0 代表常数项、S_1 代表因子 1、S_2 代表因子 2、S_3 代表因子 3，$\alpha_1 - \alpha_3$ 代表相关系数。对方程进行线性回归，分析结果如表 5-17：

表 5-17　主成分模型回归分析结果

R	R^2	调整后 R^2	标准估算的错误	德宾-沃森
0.931	0.866	0.826	122.842	2.094

根据上述回归结果，发现残差序列独立性检验，德宾沃森检验的值为 2.094，可以认为残差序列没有自相关性；R 为 0.931，R^2 为 0.866，调整后的 R^2 为 0.826。拟合优度很高，结果表明回归方程的解释变量与被解释的变量之间存在显著的线性关系。对新的模型的回归系数进行了显著性检验，结果如表 5-18 所示，回归方程的显著性检验中，因子的显著性分别为 0.001、0.001、0.001，每个因子的均通过了显著性检验。

表 5-18　回归系数分析表

	未标准化系数 B	标准错误	标准化系数 Beta	T 值	显著性
常数	319.974	32.831	—	9.746	0
因子 1	147.927	34.07	0.503	4.342	0.001
因子 2	167.083	34.07	0.568	4.904	0.001
因子 3	158.907	34.07	0.54	4.664	0.001

得出新的回归方程为：
$$Y = 319.974 + 147.927S_1 + 167.083S_2 + 158.907S_3$$
将 S_1、S_2、S_3 的表达式放入公式中，得出的结果是：
$$Y = 319.974 + 249.82X_1 + 54.54X_2 + 217.09X_3 + 183.79X_4 -$$
$$45.86X_6 + 52.09X_7 + 125.29X_8 - 134.21X_{10} +$$
$$11.43X_{11} + 134.59X_{12} + 93.17X_{13} - 169.49X_{14}$$

5.1.5.3　结论分析

根据主成分回归分析的结果，可以看出对净利润影响程度由大到小依次是：产投比＞平均出售价格＞化肥费＞播种面积＞土地成本＞间接费用支出＞机械作业费用＞降水量＞单产水平＞畜力费＞农家肥费＞人工成本。

首先，产投比、每50千克平均出售价格对净利润的影响程度较强，为影响谷子种植收益的主要影响因素。根据实证分析，在其他条件不变的情况下，产投比每变化1个单位，对净利润影响249.82，说明产投比需要维持在一个适当的比例，这就需要通过种植规模化来优化产投比；根据实证分析，在其他条件不变的情况下，每50千克平均出售价格，每变化1个单位，对净利润的影响是217.09，说明价格也严重影响着谷子的种植收益，如果谷子出售价格不能适应市场的情形，农民若不能及时了解到谷子价格信息，那么将会产生"谷贱伤农"的现象。

其次，肥料的支出对净利润的影响也比较显著，肥料支出包括农家肥和化肥费。根据实证分析，在其他条件不变的情况下，化肥每增加1个单位会对净利润影响183.79，农家肥变动1个单位，对净利润影响程度是－45.86，肥料和农家肥可以互相补充，以充分供应作物生长所需的养分。根据实证分析，在其他条件不变的情况下，土地成本和人工成本每变化1个单位对谷子净利润的影响分别是134.6和11.43，近年来，土地承包费的逐年上涨，农村大量年轻劳动力流失，直接导致劳动力雇用价格的上升，土地成本和人工成本对谷子种植收益的影响不断增强，相比较而言，人工成本较土地成本对净利润的影响较弱。但是，现阶段河北省部分地区仍主要使用人力和畜力进行耕作，根据实证分析，在其他条件不变的情况下，畜力费每增加1个单位，对净利润影响52.09。根据实证分析，在其他条件不变的情况下，机械作业费用每变动1个单位，对净利润的影响是125.29。根据实证分析，在其他条件不变的情况下，单产水平每变化1个单位，净利润相应地增加54.54，单产水平过低会影响净利润。根据实证分析，在其他条件不变的情况下，降水量对净利润的影响程度是93.17，说明一些外部环境，比如天气等情况也对谷子种植净利润有很大影响，谷子种植主体需要及时注意对天气的防范，及时做好预防和补救措施。

最后，谷子播种面积和净利润呈负相关，根据实证分析，在其他条件不变的情况下，播种面积每变化1个单位，对净利润影响－169.49，说明当前的种植模式并不合理，一味地增加播种面积而不规范种植不能从根本上提高谷子种植收益。间接费用的增加将导致谷子种植的收益减少，每增加 1 个单位间接费用的净利润将减少 134.2。

5.1.6　各类杂粮与玉米比较收益评价

结合 2018—2020 三年间共调查的全省 27 个县的 42 个谷子经营主体和 56 个其他类杂粮经营主体，按照区域生态环境特点，对各类作物物质成本、人工成本、土地成本及单产、价格经加权平均计算可见，各类杂粮种植收益虽远低于各类蔬菜，但相比玉米而言仍然较高。以谷子为例，其在种植方面与高粱、绿豆、红小豆及玉米等作物存在较强的替代性，种植收益的多少直接决定种植面积的增减。同一农户会种植多种粮食，通常会对不同粮食收益进行对比之后最终做出选择。但杂粮多靠天吃饭，实际种植面积与春播前后的雨水情况密切相关，这一特征在 2020 年河北省各类杂粮播种期得到进一步印证。省内谷子品种繁多，不同品种种植成本、亩产及市场价格存在较大差异，但整体而言近年谷子价格持续上升，较大拉动了农户种植积极性，使 2019—2020 年种植面积较 2018 年有较大幅度提升；高粱因省内地下水压采补贴政策的有效实施等原因，种植面积有所增加；绿豆、红小豆等各类杂豆因种植收益偏低，省内种植有限；对于玉米等各类主粮而言，对农户进行种植补贴等政策的普遍施行对农户种植收益、市场价格及供需格局等均有利好。而谷子作为杂粮，政府支持力度仍然不足，因主要靠市场自身调控，经营风险较大（表 5 - 19）。

表 5 - 19　各杂粮品种与玉米收益对比

单位：千克/亩、元/亩、元

项目	玉米	绿豆	红小豆	燕麦	高粱	谷子
地租	360	262	264	57	360.6	337.9
种子	50	18.7	21.5	47	21.2	61
整地播种	20	27	23.2	25	28.7	25
肥料	130	80.5	80.5	31.8	73.5	63
农药	40	12.8	13.8	10.4	29.3	16.4
灌溉	30	24	26	10	80.6	70
收获	70	114	108	77	82.2	95.6
总成本	700	539	537	258.2	676.1	668.9

（续）

项目	玉米	绿豆	红小豆	燕麦	高粱	谷子
毛粮（元/千克）	2.10	8.12	7.86	3.56	2.74	5.06
亩产	920	228	260	251	810	400
产值	1 067	420	864.6	430.3	1 109.7	1 012
收益	266	386.7	484.8	188.6	433.6	575.7

数据来源：根据调研数据整理

5.2　蔬菜产业成本收益影响因素分析——以设施番茄为例

截至 2020 年，河北省设施蔬菜生产规模达 1 200 万亩，其中温室番茄和大棚番茄的种植面积总计达到 185.6 万亩，位居全国第二位。设施番茄的发展提升了河北番茄的质量与产量，增加了农民的收入，但与露地番茄相比，设施番茄在土地成本、人工成本和物质与服务费用方面都存在明显劣势，并且成本利润率远远低于露地番茄，这与种植设施番茄的初衷相悖。目前河北省设施蔬菜平均总成本超过 8 000 元/亩，其中人工成本每亩 4 000 多元，占据总成本的 50% 以上，2020 年平均单产达 5 152 千克，平均每亩净利润在 5 000 元以上。为了更好地发展河北省设施番茄产业，充分发挥设施农业在振兴农村经济方面的作用，需要合理控制设施番茄种植成本，增加种植农户的收入，避免出现投资大、收益不足的现象。

5.2.1　河北省番茄种植基本情况

河北省番茄种植区域广泛，分布在 11 个地市，主要的种植品种为硬粉，还有种植量较小的祥瑞、粉百利、美粉、宝石捷、抗美、欧盾、齐达利以及樱桃番茄。其中，祥瑞主要种植在新乐和永年，粉百利主要种植在永年，美粉主要种植在肥乡，宝石捷主要种植在怀来，抗美主要种植在饶阳，欧盾主要种植在元氏，齐达利主要种植在望都，樱桃番茄主要种植在阜城、大名和南和。目前各地市种植面积如图 5 - 12 所示，种植面积最大的为唐山市，达到了 21 463 公顷，占河北省种植总面积的 20.38%；其次是保定市和石家庄市，种植面积分别为 15 418 公顷和 13 057 公顷，占河北省番茄种植总面积的 14.64% 和 12.41%，这三个地区是河北省番茄主要的生产销售地区。种植面积最少的地市是秦皇岛市，种植面积为 3 479 公顷，占河北省种植总面积的 3.30%；其次是承德和张家口，种植面积分别为 3 766 公顷和 4 984 公顷，分别占比 3.58% 和 4.73%，种植面积少主要是由于环境和其他作物种植的影响，例如秦皇岛和承德的气候环境对番茄的种植带来负面影响，承德地区是河北省中药材种植大市，中药材的种植不断增长，且收益超过番茄，所以番茄的种植面积较小。从产量来看，唐山仍然是番茄产量最高的城市，占河北省总产量的比重近 24%，其次为石家庄、保定和廊坊三市，以上四个产区的产量占全省番茄总产量的 70% 以上。目前河北省设施番茄的种植方式主要采取大棚栽培，近年随着农业科技的进一步发展，河北省设施番茄单产持续增长，并且高于全国平均水平，达到每亩 6 500 千克以上（图 5 - 13）。

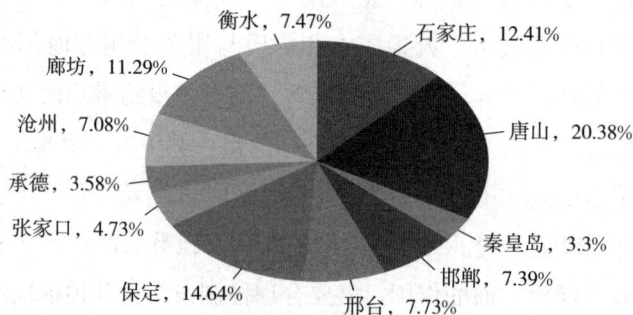

图 5 - 12　2020 年河北省各地番茄种植面积占比

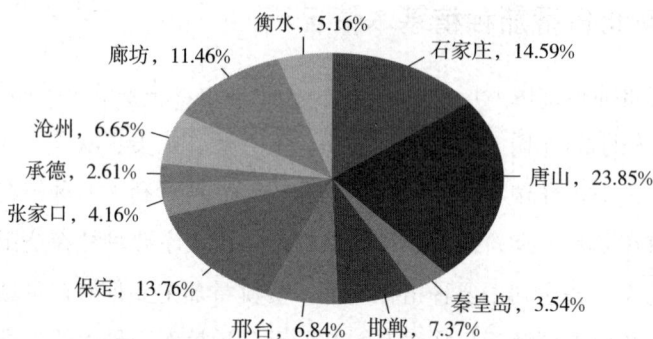

图 5 - 13　2020 年河北省各地番茄总产量占比

5.2.2　变量选取与基本假设

5.2.2.1　变量选取

农产品种植净收益的衡量指标一般选择净利润，河北省设施番茄种植净利润的影响因素为总成本和总产值，造成近年来设施番茄种植净利润呈现总体下降趋势的原因是设施番茄种植总成本的年均增长率超过了总产值，因此本文对净利润影响因素的实证分析主要从总成本和总产值两个方面入手。经过对《全国农产品成本收益资料汇编》中的影响因素的初步筛选，本文选取的变量如下：

（1）每亩净利润：单位为元/亩，以 Y 表示，作为因变量。

（2）每亩土地成本：单位为元/亩，以 TD 表示，作为自变量。这里需要注意的是，土地成本分为自营地折租和流转地租金，但随着城镇一体化程度越来越高，用于设施种植的土地逐渐减少，流转地的租金有较大的变动，而自营地折租作为虚拟成本是土地成本的主要部分，这对农产品种植产生较大的影响。

（3）每亩人工成本：单位为元/亩，以 RG 表示，作为自变量。人工成本分为家庭用工折价和雇工费用，在河北省设施番茄种植中，家庭用工折价作为机会成本是人工成本的重要组成部分。近年来大量农村劳动力流向城市导致农村剩余劳动力价值不断增长。

（4）每亩化肥费：单位为元/亩，以 HF 表示，作为自变量。农药费是物质与服务费用的重要组成部分，在设施番茄种植费用支出中占较大的比例，所以将化肥费单独作为自变量。

（5）每亩农药费：单位为元/亩，以 NY 表示，作为在自变量。

（6）每50千克产品实际价格：单位为元/50千克，以 JG 表示，作为自变量。价格是总产值的重要影响因素，在河北省设施番茄种植和生产过程中不产生副产品，所以价格以主产品出售价格为准。

（7）每亩产量：即单产，单位为千克/亩，以 DC 表示，作为自变量。单产也是影响总产值的因素，同样以主产品产量为标准。

5.2.2.2　基本假设

根据翻阅相关文献以及前面的分析，可知选定的各个自变量与因变量之间可能存在正向或负向的关系，常见的关系主要是成本因素对净利润有负向影响，价格、产量等因素对净利润产生正向影响，但是诸如烟叶、茶叶等对人工要求较高的农产品的成本因素对净利润的影响与普通农产品存在一定的差异。设施番茄对设施建设以及日常管护方面的要求较高，并且对土地的选择有严格的标准，为了确保实证分析的完整性以及准确性，笔者对各自变量对因变量的影响做出如下基本假设：

（1）土地成本与净利润呈负相关，即土地成本的增加会导致净利润的减少。

（2）人工成本对净利润产生负向影响，即人工成本的增加导致净利润减少。

（3）化肥费与净利润呈负相关，在设施番茄种植过程中肥料投入越多成本越高导致净利润越少。

（4）农药费与净利润呈负相关，设施番茄种植农药投入增长使净利润增加。

（5）单产与净利润呈正向相关，其他因素不变的情况下设施番茄单产增加使总产值增加进而使净利润增加。

（6）50 千克实际价格对净利润产生正向相关影响，即设施番茄销售价格越高净利润越高。

5.2.3 模型建立与数据来源

5.2.3.1 模型建立

回归分析广泛应用于数量统计领域，主要用来以一个或多个变量的值预测或估计另一个变量的值。多元线性回归就是一个模型中多个自变量的回归模型，主要用来解释自变量与因变量的线性关系。经过查阅多篇农产品成本收益的文献，本文选定多元线性回归模型来进行实证分析，由于本文选取的数据是时间序列，容易出现不平稳现象，为了避免"伪回归"现象的发生，现将函数设计如下：

$$LNY = LNC + aLNTD + bLNRG + cLNHF +$$
$$dLNNY + eLNDC + fLNJG + \mu \qquad (1)$$

（C 为常数项，μ 为随机误差项。）

5.2.3.2 数据来源

本章所选取的数据均来自于 2006—2020 年《全国农产品成本收益资料

汇编》，选取的时间样本为2005—2019年，由于2011年之前部分数据缺失，为了提高实证分析结果的科学性，剔除了数据缺失的成本。

5.2.4　实证分析与检验

5.2.4.1　单位根检验（ADF检验）

由于本章所选取的数据都是时间序列数据，虽然已经为每个数据选取了对数，但仍然不能保证样本数据的单位根是平稳的，容易出现"伪回归"的现象，所以需要对样本数据进行单位根的检验，看各数据是否存在单位根，若存在单位根则表明数据不平稳，影响实证分析结果的准确性。在这里选用ADF检验来检测样本数据的平稳性，三个模型分别为：

$$\Delta X_t = \delta X_t - 1 + \sum \beta X_t - 1 + \varepsilon_t \qquad (2)$$

$$\Delta X_t = \alpha + \delta X_t - 1 + \sum \beta_t \Delta X t - 1 + \varepsilon_t \qquad (3)$$

$$\Delta X_t = \alpha + \beta_t + \delta_t - 1 + \sum \beta \Delta X_t - 1 + \varepsilon_t \qquad (4)$$

检验结果如表5-22，各变量的P值显示单位根检验的结果全部是不平稳的，故对各变量进行差分，一阶差分后所有变量仍未达到全部平稳，二级差分后才达到所有变量时间序列全部平稳，即所有变量都是二阶单整的，满足了协整检验的前提条件，可以通过协整检验来验证它们之间是否存在均衡关系（表5-20）。

表5-20　各变量的ADF单位根检验结果

变量	检验形式 (C, T, K)	P值	结论	变量	检验形式 (C, T, K)	P值	结论
LNY	(C, 0, 2)	0.165 5	不平稳	LNY**	(C, 0, 2)	0.010 6	平稳
LNDC	(C, 0, 1)	0.193 5	不平稳	LNDC**	(C, 0, 1)	0.069 1	平稳
LNTD	(C, 0, 0)	0.507 8	不平稳	LNTD**	(C, 0, 1)	0.000 4	平稳
LNRG	(C, 0, 0)	0.130 9	不平稳	LNRG**	(C, 0, 0)	0.040 4	平稳
LNHF	(C, 0, 0)	0.779 6	不平稳	LNHF**	(0, 0, 0)	0.012 7	平稳
LNNY	(C, 0, 3)	0.102 8	不平稳	LNNY**	(C, 0, 0)	0.029 0	平稳
LNJG	(C, 0, 0)	0.128 0	不平稳	LNJG**	(C, 0, 0)	0.002 3	平稳

注：＊＊表示右边的数据取了二阶差分（选取二阶差分是因为一阶差分的各变量并不都平稳）；检验形式（C, T, K）中，C代表常数项，T代表时间趋势项，K代表滞后阶数；滞后阶数均根据AIC准则自动选取。

5.2.4.2 协整检验

在进行时间系列分析时，传统上要求所用的时间系列必须是平稳的，即没有随机趋势或确定趋势，否则会产生"伪回归"问题。但是，在现实经济中的时间系列通常是非平稳的，我们可以对它进行差分把它变平稳，但这样会让我们失去总量的长期信息，而这些信息对分析问题来说又是必要的，所以用协整来解决此问题。在部分选用 EG 检验法，首先在时间序列变量间建立静态或长期的回归模型，然后对回归模型的残差做单位根检验。在现有的文献中，协整检验多用于对一阶变量间的检验，但是近年来针对二阶差分变量间检验的模型已经被开发，能够为时间序列数据提出更加丰富的结果。利用 Eviews 软件进行协整回归的结果如下表，由表 5 - 21 可以看出许多变量的结果并不显著，所以剔除最不显著的常数项 C 和 LNHF（−2），重新进行协整回归，结果如表 5 - 22 所示，各变量的显著性非常好，整个方程的 R^2 为 0.99，DW 值为 3.14，说明整个方程的拟合度非常好。

调整后的回归方程为：

$$LNY = 0.79LNDC_{t-2} - 0.13LNTD_{t-2} - 0.24LNRG_{t-2} -$$
$$0.41LNNY_{t-2} + 1.46LNJG_{t-2} \tag{5}$$

表 5 - 21　协整回归的结果

变量	相关系数	标准误差	T 值	P 值
C	−4.710 592	2.640 966	−1.783 663	0.325 3
LNDC（−2）	1.259 938	0.276 080	4.563 674	0.137 3
LNTD（−2）	−0.159 021	0.029 808	−5.334 884	0.118 0
LNRG（−2）	−0.358 681	0.088 620	−4.047 413	0.154 2
LNHF（−2）	−0.002 252	0.146 078	−0.015 417	0.990 2
LNNY（−2）	−0.417 874	0.061 179	−6.830 319	0.092 5
LNJG（−2）	1.842 334	0.246 412	7.476 653	0.084 6
R^2	0.998 314	Durbin-Watson stat		2.933 623

注：各变量均取了二阶滞后项来消除自相关

表 5 - 22　调整后的协整回归的结果

变量	相关系数	标准误差	T 值	P 值
LNDC（−2）	0.788 925	0.041 787	18.879 73	0.000 3
LNTD（−2）	−0.129 954	0.029 788	−4.362 560	0.022 3

（续）

变量	相关系数	标准误差	T 值	P 值
LNRG（－2）	－0.235 829	0.063 886	－3.691 375	0.034 5
LNNY（－2）	－0.414 398	0.071 265	－5.814 857	0.010 1
LNJG（－2）	1.458 086	0.120 005	12.150 16	0.001 2
R^2	0.992 842	Durbin-Watson stat		3.137 579

接下来对残差序列进行 ADF 检验，得到的结果如表 5－23，有表可知残差序列通过了 ADF 检验，表明之前的协整回归是有效的，证明河北省设施番茄种植净利润与各自变量之间存在协整和长期均衡关系。

表 5－23　残差序列 ADF 检验结果

		t-Statistic	Prob. *
ADF test statistic		－6.052 206	0.000 4
Test critical values	1% level	－3.109 582	
	5% level	－2.043 968	
	10% level	－1.597 318	

5.2.4.3　误差修正

接下来，为了使整个模型的回归结果更加准确，用误差修正模型（ECM）来描述被解释变量短期波动的情况，在之前的协整检验中得到的回归模型的残差序列即为误差修正项 ecm 的值。对各变量的一阶差分形式和误差修正项 ecm（－1）进行估计，得到的结果如表 5－24。由结果可以看出，整个方程的 R^2 值为 0.99，DW 值为 1.32，且方程各项都很显著，充分表现了方程的拟合度较好。并且对于误差修正项 E（－1），其系数为负值，这说明了此次回归结果符合反向修正机制。所以得到的误差修正模型为：

$$D(LNY)=1.01D(LNDC_{t-2})-0.14D(LNTD_{t-2})-0.26D(LNRG_{t-2})-$$
$$0.43D(LNNY_{t-2})+1.59D(LNJG_{t-2})-1.34E_{t-1} \qquad (6)$$

表 5－24　误差修正模型回归结果

变量	相关系数	T 值	P 值
D（LNDC（－2））	1.009 998	26.485 10	0.024 0
D（LNTD（－2））	－0.138 370	－33.248 59	0.019 1

（续）

变量	相关系数	T 值	P 值
D（LNRG（－2））	－0.275 137	－23.610 81	0.026 9
D（LNNY（－2））	－0.433 355	－51.320 44	0.012 4
D（LNJG（－2））	1.587 136	46.439 51	0.013 7
E（－1）	－1.334 719	－9.969 257	0.063 6
R^2	0.999 957	Durbin-Watson stat	1.318 198

5.2.5 检验结果分析

根据表 5-24 输出的结果，可知上一个年度的误差项大概以 1.34 的比例修正河北省设施番茄种植净利润增长的偏离。输出的协整回归模型经济学意义如下：第一，在其他因素不变的情况下，设施番茄的每亩产量每增长 1%，种植净利润增长 0.79%，单产量增加是设施番茄种植增收的表现，能够提升农民种植的积极性；第二，其他因素保持不变，设施番茄的土地成本每上涨 1%，种植净利润增长 0.13%，人工成本每上涨 1%，种植净利润下降 0.24%，可见土地成本和人工成本对净利润的影响程度较小，虽然家庭用工折价和自营地折租在成本费用中属于隐性的机会成本，但是近年来城镇一体化的影响使得人工和土地成本不断攀升拉低了净利润；第三，在其他影响因素保持不变的条件下，农药费每增长 1%，种植净利润下降 0.41%，由于设施种植对农药的要求较高，并且随着农业的发展，农产品生产资料的价格逐渐升高，增加了种植成本，影响了种植户的收益；第四，其他因素保持不变，50 千克产品实际价格每增长 1%，种植净利润增长 1.46%，价格是对净利润影响做大的变量，杠杆效应达到 1.46 倍，直观来看，设施番茄的出售价格的确与净利润有密不可分的关系，近 5 年在单产相对稳定的情况下价格出现较大幅度的波动使得净利润出现下滑，这正是设施番茄价格与设施种植利润杠杆效应的体现。

5.3 中药材产业成本效率及影响因素分析——以黄芩为例

作为河北省中药材种植的重点城市，承德市一直以自身资源禀赋优势，推进道地药材"热河黄芩"产业的发展，建成一批黄芩种子种苗基地及千亩种植示范园区，积极推广黄芩标准化种植技术，为打造品质优、产量高、效益好的道地黄芩奠定了坚实保障。这一部分将对黄芩产区种植户的成本效益进行分析，进而从效率角度出发，运用成本效率这一技术指标测算承德市黄芩种植的成本效益，探讨投入成本与产出效益是否达到最优状态，同时对成本效率的影响因素进行实证分析，并找出影响黄芩成本效率的具体因素。

5.3.1　承德市中药材种植基本情况

5.3.1.1　承德市黄芩种植、基地建设情况

在承德市中药材发展过程中，基地及园区建设发挥着重要作用。2020年全市新增中药材种子种苗繁育基地面积 8 910 亩，总面积达到 33 720 亩。其中围场、滦平、兴隆、隆化、丰宁 5 县良种繁育基地新增面积近 1 000亩，涉及的中药材品种比较丰富（表 5 - 25）。

表 5 - 25　2020 年承德市新增良种繁育基地情况

区域	规模（亩）	主要品种
围场	2 250	苦参、金莲花
滦平	2 000	黄芩、桔梗、射干、苍术、柴胡、大玉竹、黄精、五味子
兴隆	1 200	黄芩、丹参、桔梗、玉竹、关黄檗、牡丹、山楂
隆化	1 050	苍术、柴胡、桔梗、黄精
丰宁	1 100	苍术、白鲜皮
平泉	510	苍术、黄芪、赤芍
承德县	500	射干
宽城	520	黄芩

数据来源：根据实地调研整理

如表 5 - 25 所示，黄芩种子种苗繁育基地多分布在滦平、兴隆和宽城三个县区，其中滦平县在五道营子乡西甸子村、五道营村建设 800 亩黄芩、桔梗、射干良种繁育基地，在张百湾镇下营子村、九梁顶村建设 200 亩射干、桔梗、黄芩良种繁育基地，在大屯镇兴春和现代农业园区建设 200 亩黄芩、苍术、柴胡良种繁育基地；兴隆县在大水泉乡刘杖子村建设 60 亩仿野生黄芩良种繁育基地；宽城县在板城镇村土牛子村、上板城村建立 500 亩黄芩良

种繁育基地。这些良种繁育基地为打造品质优、产量高、效益好的中药材种植基地奠定了坚实保障。

5.3.1.2 承德市黄芩种植示范园区建设情况

近年来,承德市大力推进中药材良种、良法的示范与推广。截至2020年,承德市已创建近50个中药材千亩示范园区。根据实地调查情况来看,隆化县、滦平县、围场县、平泉市、宽城县中药材种植示范园区数量较多。其中,滦平县已创建4个黄芩种植示范园区,分别分布在沿京承高速沿线、两间房乡苇塘村、长山峪镇碾子沟村、九梁顶康养基地;宽城县已创建4个,分布在大石柱子乡白鸡沟村、汤道河镇乱泥沟村、汤道河镇金杖子村、板城镇土牛子村;平泉市已创建2个,分布在榆树林子镇连云海村、台头山乡何杖子村,另外围场县、承德县、兴隆县各创建1个黄芩种植示范园区,分别分布在围场县黄土坎乡黄土坎村、承德县下板城镇常裕沟村和兴隆县汤道河镇金杖子村。

5.3.2 承德市黄芩种植成本基本情况

5.3.2.1 承德市黄芩种植成本结构分析

(1) 总成本

黄芩种植总成本指的是土地、生产资料、劳动力在内的资源投入成本总和,具体由生产成本和土地成本构成。生产成本以黄芩种植环节消耗的现金、实物形式消耗的资金以及劳动力的租赁、家庭用工折价为主,是把土地要素去除在外的其他各类要素的投入总和。具体划分为物质与服务费用和人工成本。土地成本则指的是生产过程中投入的土地要素的成本(表5-26)。

表5-26 2020年承德市黄芩种植总成本构成

项目	费用(元/亩)	占比(%)
总成本	3 957.80	100
物质与服务费用	1 860.66	47.1
人工费用	910.06	22.99
土地成本	1 187.08	29.99

数据来源:根据调研数据整理

通过调研数据整理可知,2020年作为承德黄芩三年收货的截止期,在这一生产周期中，承德市黄芩种植平均总成本 3 957.8 元/亩，从其总成本构成来看，物质与服务费用为占比最高，为 47.1%；其次是土地成本，占比 29.99%；人工费用为所占比例 22.99%。因此，物质与服务费用和土地成本是黄芩生长周期总成本中的主要构成要素，人工成本占比相对较少。虽然人工费用在黄芩种植总成本的占比相对较低，但据了解黄芩从种植到采收，人工投入也是影响其成本的一个重要因素，黄芩生产无法实现机械化的环节都依赖人工来完成，比如除草环节，就是人工成本中的一大重要支出。

(2) 物质与服务费用

物质与服务费用分为直接费用和间接费用，总体指的是在黄芩种植过程中生产要素的直接投入、获取相关技术服务的费用以及其他与黄芩种植相关的支出。在本文中直接费用主要包括种子种苗费用、肥料成本、病虫害防治费用、排灌成本、机械作业费用。黄芩种植户在生产环节获得的相关技术服务大多为政府部门、合作社以及科研团队组织的，种植户能够免费获取黄芩相关的种植技术，因此技术服务费不包括在直接费用中。

在物质与服务费用中，直接费用占比达 95% 以上，所以在本章分析黄芩成本构成时，以直接费用为主，不再分析其间接费用。

直接费用是指直接与黄芩种植相关的成本投入，主要包括以下几点：

种子种苗费用是指在黄芩播种环节使用的种子或是种苗的费用，通过调研了解到一部分黄芩种植户选择外购种子种苗进行黄芩种植，有一部分种植户为保证可靠优质种子的来源，他们会选择自留种，这部分种植户的种子费用以外购种子的市场行情计算。

肥料成本指的是黄芩种植过程必备的养分投入，种植户使用的肥料主要有农家肥、有机肥、复合肥，其中以农家肥和有机肥为主。农家肥是指动物粪便经过发酵处理后的肥料产物，通过调研了解到，牛粪发酵后的农家肥的使用效果比较好，尤其是以青贮饲料为食的牛产生的牛粪，经过处理的其他牲畜粪便生成的农家肥容易导致药材产品灰分超标，影响药材的品质及药性。

病虫害防治费用是种植黄芩过程中针对其产生的病虫害采取相应措施产生的防治费用。黄芩自身抗病性较强，病虫害较少，有时会出现根腐病。

排灌费是指黄芩种植过程耗费的电费及水费。

机械作业费是指从黄芩种植到采收各环节所支付的机械作业费用，主要包含两种方式：一是小农户自家没有机械设备的，租用他人设备而付出的租金；二是规模较大的种植户因使用自家机械设备而产生的固定资产折旧费、燃油费和维修费（表5-27）。

表5-27   2020年承德市黄芩种植户物质与服务费用构成

项目	费用（元/亩）	占比（%）
物质与服务费用	1 921.36	100
种子种苗费用	315.00	16.39
肥料费用	950.75	49.48
农家肥	550.04	28.63
有机肥	129.25	6.73
复合肥	131.26	6.83
病虫害防治	150.78	7.85
排灌费	148.89	7.75
机械作业费	355.94	18.53

数据来源：根据调研数据整理

由表5-27可以看出，承德黄芩种植的平均物质与服务费用为1 921.36元/亩，且肥料费用＞机械作业费＞种子种苗费用＞排灌费用＞病虫害防治费用。

具体来看，在黄芩种植过程中，肥料费用投入最多，为950.75元/亩，占比49.18%，说明肥料的投入在黄芩种植过程中起到关键作用，在播种时施加足量底肥，后期根据种苗长势适当追肥一到两次。据调查了解到，黄芩种植户施用农家肥较多，其次是有机肥，最后是复合肥。使用复合肥能在一定程度上能提高黄芩产量，但在黄芩种植过程中是不被推荐使用的，因为使用复合肥容易引起黄芩灰分超标，一小部分种植户为了追求黄芩产量仍在使用。相比于复合肥，农家肥和有机肥的施用更加安全，在满足黄芩生产所需养分的同时，也能在一定程度上保证黄芩的品质及药性，相比有机肥，农家肥的价钱比较便宜，所以在农家肥和有机肥中，种植户选择农家肥的居多。

在物质与服务费中，平均每亩机械作业费为355.94元，除肥料投入外，机械作业费用的占比较高，为18.53%。目前承德地区黄芩生产在整地、播种及采收环节在使用机器设备进行作业，小规模种植户通常没有自家的机械设备，因此会租用他人的设备，支付其一定的租金，大规模种植户往往拥有自己的设备，因此机械作业费则涵盖了其机械设备的折旧费、燃油费和维修费。承德地区中药材种植机械化水平总体偏低，由其独特的地理环境所致。在平地或是缓坡地带种植的黄芩，其播种环节和药材采收环节已基本实现了机械化，但使用的农机具几乎都是由其他农作物机具改造的，如播种环节多使用小麦播种机，黄芩采收的是根，所以在收货环节大多使用采收土豆的农机具改装的起药机，该环节还要人工辅助，不然会造成黄芩根的浪费。承德地区多丘陵和山地，因此山地种植的机械化水平还较低，而且黄芩种子成熟期很不一致，且极易脱落，需随熟随收。目前黄芩种子采收几乎完全依靠人工，所以亟待研制特定药材品种的机械，提高中药材种植采收的机械化水平，降低人工成本。

种子种苗费用平均每亩投入 315 元，占比 16.39％，由种子价格和每亩种子施用量决定。承德地区黄芩种植以直接播种为主，少数种植户为了保证出苗率，会选择自己培育种苗，但费用较高。据了解，目前承德地区黄芩种植每亩播种量没有统一的口径，种子亩施用量因人而异，没有标准化的播种量规定与指导，且部分种植户使用自留种，部分种植户选择外购，种子质量参差不齐，种质资源已经混乱，有些种植户贪图便宜随意购买，无法保证黄芩种子的来源及品质，而且没有实现种子质量的可追溯。

病虫害防治和排灌费用在黄芩生长过程中花费较少，分别为 150.78 元/亩和 148.89 元/亩，占比 7.85％、7.75％。黄芩主要的病虫害是叶枯病和根腐病，虫害主要是黄芩舞蛾，黄芩自身抗病性较强，较少发生病虫害，所以在防治病虫害方面的成本投入较少，如遇虫害，可以使用粘虫板进行防治；针对黄芩根腐病，大多种植户表示没有找到好的解决办法；黄芩耐旱怕涝，水分不宜过多，出苗前保持土壤湿润即可，如遇干旱天气注意浇水，雨季注意排水，否则水分积累容易造成根部腐烂。据了解在水利配套设施良好的地方，在干旱时节会使用微喷机或是喷灌机进行灌溉。

（3）人工成本

人工费用指的是农业作业环节中直接消耗的劳动力成本，由雇工费用和家庭用工折价构成。雇工费用表示的是黄芩种植的集中周期雇佣劳作支付的费用，具体由工资和饮食招待费构成。

在黄芩生产过程中雇佣支付的资金，雇工天数由每天8个小时的工时折算，工价即为一个劳动力劳动一天获得的劳动报酬；家庭用工折价反映的是参与黄芩种植的家庭成员从事其他生产活动的机会成本，按照家庭用工天数和劳动日工价的乘积来折算，其中家庭用工天数同雇工天数一样，采用相同的方式计算（表5-28）。

表5-28　2020年承德市黄芩种植户人工费用构成

项目	费用（元/亩）	占比（%）
人工费用	896.06	100
雇工费用	538.32	60.08
家庭用工折价	357.74	39.92

数据来源：根据调研数据整理

从表5-28可以看出，每亩黄芩投入人工成本为896.06元，其中雇工费用为538.32元，占比60.08%，家庭用工折价为357.74元，占比39.92%，表明承德黄芩种植过程中，雇工费用占比较多，农忙时会雇佣工人进行劳作。据了解，人工费用里主要用于人工除草，黄芩苗的密度较大，机械除草完全不可行，所以多用人工除草，这就增加了人工成本。除草费用一般集中在黄芩生长的1～2年中，在黄芩植株较小时，为保证种苗正常生长，需要保持畦内无杂草，等到黄芩植株长到一定程度，杂草的存在已经不会对它的生长产生较大的影响。虽然政府相关部门一直在宣传中药材种植环节不能使用除草剂等农药，然而有些种植户为降低除草成本，仍在使用二甲戊灵、氟乐灵等除草制剂，这在一定程度上影响了黄芩的质量，甚至导致黄芩苷含量下降，影响其销售价格。人工费用中除了除草费用外，黄芩种子的采收同样依靠人工，黄芩种子一般在8～9月份成熟，为防止自然落粒，最好采取分期分批收获，由于种子采收费时费力，一部分小农户不采收种子。另外，在黄芩种植、采收环节也要有人工辅助，以免造成浪费。

（4）土地成本

土地成本指的是将土地作为生产要素投入到农业生产中而产生的成本，具体分为租赁地租金和自营地折租。租赁地租金表示黄芩种植户为承包他人土地而实际支付的土地租金。自营地折租指的是种植户自己的土地用于种植黄芩，按照当地土地租金进行折算的成本（表5-29）。

表 5 - 29　2020 年承德市黄芩种植户土地成本构成

项目	费用（元/亩）	占比（%）
土地成本	1 156.30	100
租赁地租金	780.83	67.53
自营地折租	375.47	32.47

数据来源：根据调研数据整理

　　由表 5 - 29 可知，在黄芩种植的 3 年生产周期中，每亩土地投入为 1 156.30 元，平均每年土地投入为 385.43 元/亩，其中租赁地租金为 780.83 元/亩，占比 67.53%，自营地折租为 375.47 元/亩，占比 32.47%，表明承德黄芩种植大多以租赁地为主，土地流转较多。承德地区耕地少山地多，家庭每人只能分到几分地，所以不只是中药材，其他农作物的种植大多也是通过土地流转进行生产经营。通过实地调研，黄芩种植的土地租金高低不等，平地且土质较好的土地租金较高，每亩租金 600~800 元不等，大多是合作社通过土地流转进行药材种植，坡地且土地相对贫瘠的土地租金较低，大约 300 元/亩。

5.3.2.2　承德市不同地区黄芩种植成本比较分析

　　承德"热河黄芩"是全国最大的优势产区，黄芩产量约占全国总产量的三分之一。"热河黄芩"已注册为商标，为"冀药"知名品牌。2020 年承德市黄芩种植规模达到 27.1 万亩，年产量约为 1 800 万千克，各县区均有种植，其中滦平种植规模最大，达 8.75 万亩，宽城种植 5.31 万亩、隆化种植 3.79 万亩、承德县种植 3.6 万亩，丰宁种植 2.1 万亩、平泉种植 1.33 万亩。该部分出于黄芩种植面积及南北差异两方面的综合考虑，选取宽城和丰宁两个县进行成本差异对比，旨在发现承德市黄芩种植的南北差异大小。

　　（1）总成本

　　宽城县黄芩种植的总成本为 4 226.14 元/亩，相比于丰宁县 3 973.24 元/亩的成本投入，高出 252.9 元/亩。其中，和丰宁县相比，宽城县的物质与服务费用与土地成本较高，物质与服务费用高出 179.83 元/亩，土地成本高出 160.12 元/亩，而在人工投入方面，宽城县的人工费用要低于丰宁县，平均每亩低 87.05 元/亩。在总成本的构成中，宽城县呈现的是物质与服务费用＞土地成本＞人工费用，丰宁县呈现的是物质与服务费用＞人工费用＞土地成本（表 5 - 30）。

表 5 - 30　2020 年承德市宽城县、丰宁县黄芩总成本比较分析

项目	宽城县（元/亩）	占比（%）	丰宁县（元/亩）	占比（%）
总成本	4 226.14	100	3 973.24	100
物质与服务费用	2 054.27	48.61	1 874.44	47.18
人工费用	1 036.25	24.52	1 123.30	28.27
土地成本	1 135.62	26.87	975.50	24.55

数据来源：根据调研数据整理

（2）物质与服务费用

从表 5 - 30 可以看出，宽城县黄芩种植的物质与服务费用比丰宁县高 179.83 元/亩，而且种子种苗、肥料投入、病虫害防治、排灌费用及机械作业费用均是宽城较高。具体来看，宽城县热河黄芩种植历史悠久，质地优良，早在 2006 年当地开始开发及推广了黄芩仿野生栽培技术，宽城黄芩种植不断发展壮大，因此相比于丰宁，宽城黄芩种植户有着较强的技术及比较丰富的种植经验。在种子种苗方面，宽城县较丰宁县高 25.32 元/亩，两县成本投入差距不大，种子价格由市场行情统一决定；在肥料总投入方面，两县差距较小，每亩投入中宽城县比丰宁县高出 36.64 元，从肥料具体构成来看，宽城县和丰宁县均是农家肥投入＞有机肥投入＞复合肥投入，且均在使用复合肥，但丰宁县农家肥投入较多，占比较大，而宽城县有机肥投入占比相对较大；相比宽城，丰宁气候比较寒冷，因此病虫害更少，平均投入成本比宽城少 32.11 元/亩；据了解，由于宽城县黄芩发展较早，灌溉设备相对来说较为完善，因此在排灌方面的成本较高，每亩高出丰宁 24.13 元；在机械化作业方面，与丰宁相比，宽城平地种植相对较多，因此机械化作业投入较多。但据实地调研了解，宽城县与丰宁县黄芩种植机械化水平较低，山地、坡地种植黄芩的种植户不在少数（表 5 - 31）。

表 5 - 31　2020 年承德市宽城县、丰宁县黄芩物质与服务费用比较分析

项目	宽城县（元/亩）	占比（%）	丰宁县（元/亩）	占比（%）
物质与服务费用	2 054.27	100	1 874.44	100
种子种苗费用	334.56	16.29	309.24	16.50

（续）

项目	宽城县（元/亩）	占比（%）	丰宁县（元/亩）	占比（%）
肥料费用	1 013.98	49.36	977.52	52.14
农家肥	462.55	22.52	553.62	29.53
有机肥	425.80	20.73	322.65	17.21
复合肥	125.63	6.11	101.25	5.40
病虫害防治	148.64	7.23	116.53	6.22
排灌费	164.45	8.00	140.32	7.49
机械作业费	392.64	19.11	330.83	17.65

数据来源：根据调研数据整理

（3）人工成本

在人工投入方面，两县同样是主要用于除草环节，播种和采收环节需要少量的人工投入成本。宽城县人工成本稍低于丰宁县，每亩低 87.05 元，两县雇工费用均高于家庭用工折价费用。在宽城县人工投入较低的情况下，其雇工费用所占比例略高于丰宁县，主要因为宽城县的经济发展水平较高，雇工平均一天的工资略高于丰宁县（表 5-32）。

表 5-32　2020 年承德市宽城县、丰宁县黄芩人工费用比较分析

项目	宽城县（元/亩）	占比（%）	丰宁县（元/亩）	占比（%）
人工费用	1 036.25	100	1 123.30	100
雇工费用	597.64	57.67	645.54	57.47
家庭用工折价	438.61	42.33	477.76	42.53

数据来源：根据调研数据整理

（4）土地成本

就两地土地成本数据来看，宽城县的每亩租赁地租金和自营地折租均高于丰宁县，每亩租赁地租金高出 135.73 元，表明宽城县当地的土地流转费用相对较高，可能与宽城县经济发展水平较高有关（表 5-33）。

表 5-33　承德市宽城县、丰宁县黄芩土地成本比较分析

项目	宽城县（元/亩）	占比（%）	丰宁县（元/亩）	占比（%）
土地成本	1 135.62	100	975.50	100
租赁地租金	782.78	68.93	647.05	66.33
自营地折租	352.84	31.07	328.45	33.66

数据来源：根据调研数据整理

5.3.3 承德市黄芩种植效益基本情况

5.3.3.1 承德市黄芩种植效益分析

本文中黄芩种植效益指其生产过程中获取的经济效益，主要包括两个方面：一是由总产值表示的黄芩收入，包括主产品和副产品两部分，针对黄芩来说，黄芩收入包括种子收入和药材收入，种子收入为其副产品收入；二是由净利润表示的黄芩收益，表示的是黄芩整个生产过程获得的净回报。

（1）总产值

农产品产值由主副产品两部分构成，黄芩在生长过程中既能收获种子，也能收获药材（根部），种子在第二年即可采收，一般在8～9月份成熟，药材在第三年起收，产量和质量均佳。所以黄芩总产值包括药材产值和副产品种子产值，药材产值和种子产值分别由各自产量及价格求得（表5-34）。

表5-34　2020年承德市黄芩种植总产值分析

项目	数值
种子产量（千克/亩）	10.71
种子价格（元/千克）	195.37
种子产值（元/亩）	2 092.41
药材产量（千克/亩）	286.51
药材价格（元/千克）	20.94
药材产值（元/亩）	5 999.52
总产值（元/亩）	8 091.93

数据来源：根据调研数据整理

由表5-34可知，黄芩总产值为8 091.93元/亩，其中种子产值为2 092.41元，药材产值为5 999.52元，药材产值占比74.14%。种子从第二年开始即可采收，两年共采收种子10.71千克/亩，由于黄芩种子随熟随落，不好采收，所以种子产量并不可观，通过调查还了解到一些种植小户不采收种子，在黄芩起收时单纯收获黄芩根；种子平均价格195.37元/千克，目前市场上黄芩种子在150～250元/千克价格不等，甚至有的黄芩种子能卖到更高的价钱，种子因其质量及购买数量的不同存在着差异。样本种植户的黄芩平均产量为 286.51 千克/亩，据调查，各种植户的黄芩产量差异很大，与其管理经营方式有很大的关系，精细化管理方式下的黄芩产量较高，粗放经营情况下的黄芩产量则不可观，所以通过提高种植户的经营管理水平，可以实现黄芩产量的提升；黄芩平均价格 20.94 元/千克，和种子价格一样，黄芩价格也因其质量不同而存在较大差异，黄芩苷含量越高，黄芩品质越好，因而价格越高。承德热河黄芩的黄芩苷含量能达到 23%，远超过国家药典规定的黄芩苷 9%的含量，但目前承德地区黄芩量小，受山西、陕西、甘肃等地黄芩市场的冲击，承德热河黄芩没能形成产地优势，发挥其品牌效益。

（2）净利润与成本利润率

承德市黄芩种植总产值 8 091.93 元/亩，总成本 3 909.02 元/亩，则净利润为 4 182.91 元/亩，求得其平均成本利润率为 107%，见表 5 - 35。

表 5 - 35   2020 年承德市黄芩种植效益分析

项目	数值
总产值（元/亩）	8 091.93
总成本（元/亩）	3 909.02
净利润（元/亩）	4 182.91
成本利润率（%）	107

数据来源：根据调研数据整理

5.3.3.2   承德市不同地区黄芩种植效益比较分析

与黄芩种植成本比较分析相同，仍以宽城县和丰宁县进行对比分析，详细内容见下述分析：

（1）总产值

宽城县黄芩种植总产值为 8 161.37 元/亩，比丰宁县 7 633.21 元/亩的总产值要高出 528.16 元/亩。具体来看，宽城县种子产量为 11.49 千克/亩，比丰宁县高 1.15 千克/亩；宽城县黄芩药材产量为 283.33 千克/亩，比丰宁高 3.28 千克/亩。宽城县黄芩种子均价为 193.70 元/千克，依旧比丰宁县高 6.37 元/千克，黄芩药材价格也呈现宽城县高于丰宁县的现象，这些表明宽城县在黄芩市场上更具品质优势和市场竞争力（表 5 - 36）。

表 5 - 36　2020 年承德市宽城县、丰宁县黄芩总产值比较分析

项目	宽城县	丰宁县
种子产量（千克/亩）	11.49	10.34
种子价格（元/千克）	193.70	187.33
种子产值（元/亩）	2 225.61	1 936.99
药材产量（千克/亩）	283.33	280.05
药材价格（元/千克）	20.95	20.34
药材产值（元/亩）	5 935.76	5 696.22
总产值（元/亩）	8 161.37	7 633.21

数据来源：根据调研数据整理

(2) 净利润与成本利润率

由表 5 - 37 看出，宽城县黄芩种植属于高投入高产出类型，总产值及总成本均高于丰宁县，得到的黄芩种植净利润、成本利润率同样是宽城县高于丰宁县，为 275.26 元/亩，成本利润率仅相差 1%。

表 5 - 37　2020 年承德市宽城县、丰宁县黄芩种植效益分析

宽城县	丰宁县
8 161.37	7 633.21
4 226.14	3 973.24
3 935.23	3 659.97
93.12	92.12

数据来源：根据调研数据整理

5.3.4　承德市黄芩种植成本效率及影响因素分析

5.3.4.1　模型选取

(1) DEA 模型

在具体运用时有两种模型，分别是基于规模报酬不变的 CCR 模型和基于规模报酬可变的 BBC 模型，BBC 模型在一定程度上能有效地弥补 CCR 模型的缺陷，能细致准确地分析出技术效率和配置效率对成本效率的影响，因此本文选取规模报酬可变的 BBC 模型。同时 DEA 模型还可以选择投入导向和产出导向，第一种适用于产出固定，投入可选的情形；后一种适用于投入不变，比较在一定的资源禀赋条件下哪个产出更优的问题。本部分分析是基

于成本投入角度，以成本为主题，所以综合考虑，根据要素价格及投入数量，选取投入角度的规模报酬可变模型（BBC）来测算黄芩种植户的成本效率。本部分选取 1 个产出指标和 5 个投入指标，基于多投入、单产出的 DEA 模型最优表达形式为：

$$\min w_i^T x_i^*$$

$$\text{s. t.} \begin{cases} -y_i + Y\lambda \geqslant 0 \\ x_i^* - X\lambda \geqslant 0 \\ \lambda \geqslant 0 \\ \sum_{i=1}^{N} \lambda_i = 1 \end{cases} \tag{7}$$

其中，k 为投入要素种类，N 为种植户样本数量。$k \times 1$ 阶向量 w 为投入要素的价格，X 为 $k \times N$ 阶矩阵，Y 为 $1 \times N$ 阶向量，λ 为 $N \times 1$ 阶向量。$k \times 1$ 阶向量 x_i、y_i 分别为第 i 个种植户的投入和产出，X_i^* 表示成本最小化的投入要素组合。从而根据上述线性规划能够得到成本效率 $CE = wTx_i^* / wTx_i$，以及投入要素的配置效率 $AE = CE/TE$。

（2）Tobit 模型

为进一步分析可能影响承德市黄芩成本效率的相关因素，将 DEA 模型中各决策单元的成本效率值作为因变量，选取相关因素作为自变量来分析各因素对黄芩种植户成本效率的影响。由于效率值都分布在 0～1 区间，如果直接采用普通最小二乘法进行回归估计，就会产生有偏和不一致的估计结果，而受限因变量 Tobit 模型能很好地解决这一问题，所得到的结果更趋近于正态分布，因此目前很多学者都采用 Tobit 模型来对影响效率的因素进行分析。基于此，本文选用 Tobit 模型进行承德市黄芩种植户成本效率的影响因素进行分析。

Tobit 模型是 1957 年美国经济学家 Tobin 提出的，他主要对耐用品支出和家庭收入进行了研究。其基本公式表示为：

$$y_i^* = \beta X_i + \varepsilon_i \qquad \varepsilon_i \sim N(0, \sigma^2)$$

$$y_i = \begin{cases} 0 & y_i^* \leqslant 0 \\ \beta X_i + \varepsilon_i & 0 < y_i^* < 1 \\ 1 & y_i^* \geqslant 1 \end{cases} \tag{8}$$

$$i = 1, 2, \cdots, n$$

其中，y_i^* 为潜在的黄芩种植的成本效率，y_i 为第 i 个黄芩种植户的成本效率，X_i 为各影响因素，β 为回归系数向量，ε_i 为独立随机扰动项。

5.3.4.2 指标选取与说明

成本效率投入产出指标选取与说明

综合考虑承德市黄芩种植户的调研数据，本文选取黄芩总产值作为产出指标，投入指标选取种子种苗费用、肥料费用、机械作业费用、人工费用及土地成本，这 5 项投入指标占总成本的 92.82%，能够很好地代表黄芩种植成本的投入情况。产出及投入指标均以黄芩三年生长周期的单位面积（亩）数据表示。其中总产值表示黄芩种子和药材产品的产值之和，种子种苗费用表示黄芩播种时的物质资料投入，肥料费用包括农家肥、有机肥和复合肥成本投入，机械作业费指的是黄芩从整地、播种到采收因使用机械产生的费用，包括租金及折旧费用等，人工费用则包括雇工投入及家庭用工折价，土地成本是三年周期土地的总投入。

种子投入价格由市场每千克种子价格决定，使用自家留种的种子也由市场价格折算而来；肥料投入价格由肥料费用和肥料数量决定，肥料数量用施肥次数表示；机械作业价格有两种表示形式，一种是基于租赁作业，一种是基于自家机械设备折旧，其中租赁作业以一次租赁费用作为机械作业价格，折旧价格比较复杂，将各设备金额占总金额的比重作为权重，再与各设备的价格进行加权计算得到；人工投入价格由人工费用和人工数量决定，人工数量由雇工、家庭用工天数和总人数表示；土地投入价格由土地投入总成本与种植年数决定，即每年土地投入的成本，具体指标情况见表 5-38。

表 5-38　DEA 模型解释变量说明及统计特征

变量	最小值	最大值	均值	标准差
产值（元/亩）	6 388	9 984	8 091.93	760.81
种子（元/亩）	140	480	305.00	55.00
肥料（元/亩）	380	1 620	935.75	163.74
机械作业（元/亩）	135	700	335.29	77.40
人工费用（元/亩）	350	1 420	896.06	129.82
土地成本（元/亩）	600	2 400	1 156.30	226.44
种子价格（元/千克）	145	250	195.37	25.58

(续)

变量	最小值	最大值	均值	标准差
肥料价格（元）	195	600	362.31	66.32
机械作业价格（元）	69	360	168.12	38.48
人工价格（元/工·日）	65	165	99.99	15.52
土地价格（元/亩）	200	800	385.43	75.48

数据来源：根据调研数据整理

5.3.4.3 成本效率影响因素指标选取与说明

本研究基于已有研究成果和相关农户行为理论，结合承德黄芩种植户的实际特点和实地调查数据，从种植户主体特征、生产特征及制度环境三个维度出发，主体特征选取种植户年龄、已种黄芩年数、受教育程度、黄芩收入占比 4 个因素，生产特征选取播种面积、是否为优质种子 2 个因素，制度环境选取是否加入合作社、是否接受过培训、是否享有政府补贴 3 个因素，运用 Tobit 模型测算以上因素对黄芩种植户成本效率的影响。各因素具体影响机理假设如下：

（1）种植户年龄

中药材的生产环节是一个精准细致的过程，一定的生产经验指导是丰富生产决策的必然，同时生产经验的积攒也离不开年龄的增长。越大龄的药农对事物判断越老练，所以年龄对提高中药材种植成本效率有显著正向影响；但有的学者曾表示种植户的年龄越大，可能越不容易接受现代知识和科技，缺乏运用科学知识进行经营管理的意识，因此难以运用先进的种植与农机技术，从而导致管理与经营水平偏低。所以种植户年龄这一因素对成本效率的影响方向不能确定。

（2）已种黄芩年数

劳动经验的积累依赖农业种植生产实践。就常理而言，药农的劳动经验与种植年数呈正相关增长。通过多年的技术经验积累更好地对药材行业市场行为做出正确决策。同时，愈发了解种植环节的生产资料需求，增加投入要素的效率水平。更好地发挥生产经营管理经验的作用。同样也有学者曾提出不同观点，认为种植者种植年数的增长，有可能会固守己见、墨守成规，对新技术、新方法的推广存在较大的抵触，这样也阻碍了种植效率的进步。因此，对于农业生产者在种植年数对于黄芩成本效率的影响方向并不明确。

（3）受教育程度

种植户受教育程度对于黄芩种植成本效率的影响方向也不明确。种植户的受教育程度，与学习能力成正比，对新生产技术及新要素配比的接受能力较好，技术的实质转化率也较高，但是较多受教育程度高的种植户都是以兼业形式参与农业化生产，其劳动力等要素投入也会低于正式农业种植者，不能充分发挥种植成本效率。

（4）黄芩收入占比

黄芩种植收入占家庭收入比例越大，说明该种植户家庭对黄芩种植收入的依赖程度越高，从而更加积极主动地学习种植技术，有意识地提高生产经营水平，以期在获得既定产出效益的同时实现成本最小化，提高黄芩种植成本效率。因此假设黄芩收入占比对成本效率有显著影响。

（5）种植面积

在中药材生产规模较小的情况下，播种面积的增长可以提高规模化经营程度，使得土地、劳动力、机械作业等生产要素能够得到更大效率的利用，从而提高中药材的成本效率。但是种植规模小反而有利于发挥传统农户精耕细作优势，因此生产规模影响成本效率的言论需要具体证实。

（6）是否为优质种子

热河黄芩为承德道地药材，选择优质的种子种植在一定程度上保证了黄芩的药性和品质，从而能卖到可观的价格，获得较高的收益，一定程度上影响着黄芩的成本效率。

（7）是否加入合作社或接受过培训

农业专业种植合作社的合作生产、合作经营方式是生产效率提升的一种具体方式，也是农业投入要素配比优化的直接方法，与中药材种植的成本效率、生产效率正向相关。并且良种集中采购、标准化生产应用、技术服务指导对于经营主体的困难克服和风险规避有较好作用。同时，接受相关培训，提升种植户对投入要素的认知，具体融汇中药材生产技术实际，得到更多的专业辅助，也是成本效率提升的重要选择。

（8）是否获得政府补贴

政府补贴在一定程度上能够给予种植户相应的资金支持，提高其购买生产要素的能力，能够促使种植户更加合理地进行生产要素的配置，有利于黄芩种植成本效率的提高。但据了解，有些种植户仅仅为了获得政府补贴，黄芩生产过程中完全粗放管理，以至于产量较低，因此是否获得政府补贴对黄芩种植成本效率的影响方向不明确（表 5 - 39）。

表 5 - 39   Tobit 模型解释变量统计特征

指标维度	变量名	变量描述	最小值	最大值	均值	标准差	预期
	年龄	单位：岁	27	65	4 571	10.01	+/−
	已种黄芩年数	单位：年	3	22	8.39	4.34	+/−
主体特征	受教育程度	0＝小学及以下；1＝初中；2＝高中或中专；3＝大专及以上	0	3	0.77	0.81	+/−
	黄芩收入占比	0＝25%以下；1＝25%～49%；2＝50%～74%；3＝75%以上	0	3	1.78	1.09	＋
生产特征	播种面积	单位：亩	3	200	33.06	33.19	+/−
	是否为优质种子	0＝否；1＝是	0	1	0.63	0.48	＋
制度环境	是否加入合作社	0＝否；1＝是	0	1	0.54	0.49	＋
	是否接受过培训	0＝否；1＝是	0	1	0.70	0.46	＋
	是否有政策补贴	0＝否；1＝有	0	1	0.22	0.42	+/−

5.3.5   实证结果与分析

5.3.5.1   成本效率结果分析

根据 DEA 模型具体应用，本文将调查得到的黄芩种植户作为各决策单元，按前文产出-投入指标输入 DEAP2.1 软件，可以同时获得规模报酬可变情况下黄芩种植户的成本效率、技术效率和配置效率，且成本效率是技术效率和配置效率的乘积，效率测算结果可以细致分析出种植户成本效率无效究竟是技术无效引起的还是配置无效引起的。由于样本种植户较多，分组更为直观，所以对种植户的效率值进行分组对比分析。

（1）成本效率总体特征

通过 DEA 模型测算出承德市 206 个黄芩种植户的成本效率总体情况，按照具体效率值分布特征将其划分为以下效率区间，具体情况见表 5 - 40。

表 5-40　承德市黄芩种植户成本效率分布情况

效率区间	技术效率		配置效率		成本效率	
	频数	比例	频数	比例	频数	比例
e≤0.5	0	0	0	0	3	1.45%
0.5<e≤0.6	0	0	0	0	9	4.37%
0.6<e≤0.7	2	0.97%	9	4.37%	42	20.39%
0.7<e≤0.8	78	37.86%	24	11.65%	104	50.49%
0.8<e≤0.9	65	31.55%	68	33.01%	35	16.99%
0.9<e<1	32	15.54%	100	48.54%	8	3.88%
1	29	14.08%	5	2.43%	5	2.43%
技术效率均值			0.854			
配置效率均值			0.875			
成本效率均值			0.746			

　　根据测算结果可以看出，承德市黄芩种植户的平均技术效率较高，为0.854，表明在黄芩种植过程中现有技术得到了较大程度的运用并发挥出效率优势，但同时也存在14.6%的效率损失，说明在保持一定产出效益的前提下，黄芩种植户还能省省14.6%的成本空间。具体来看，黄芩种植户的技术效率差异较小，效率值低于0.7的种植户只有0.97%，种植户的技术效率值比较集中。其中效率值在0.7~0.8的种植户最多，占比37.86%，有14.08%的种植户技术效率有效，表明其黄芩种植实现了成本最小化。从DEA决策单元有效角度来看，绝大部分种植户还需提高技术水平，使黄芩种植户在借助技术的前提下更好地发挥其产出能力，达到技术效率有效。

　　相比技术效率，黄芩种植户的平均配置效率略高，为0.875，说明还有12.5%的空间去调整改进投入要素的配比，进而达到黄芩种植户的短期均衡水平。具体来看，配置效率值主要集中在0.8~1，占比81.55%，但配置效率达到前沿有效的种植户仅占2.43%，97.57%的黄芩种植户还处于效率无效状态，资源要素没有实现最优配置，因此绝大多数种植户都要关注投入要素的配置比例问题，以期在一定市场价格及产出效益水平下，通过减少黄芩种植的生产成本来提高其效益。

　　种植户的成本效率相对较低，均值为0.746，没有达到DEA有效，还有25.4%的进步空间来实现成本最小化。通过成本效率值的分布情况来看，种植户的成本效率差距较大，效率值低于 0.7 的种植户所占比例达 26.21%，且效率值在 0.5 以下及 0.5～0.6 之间均有种植户分布，表明黄芩种植过程中存在资源利率用较低的现象；0.7～0.8 之间的种植户最多，占比 50.49%，仅有 2.43% 的种植户处于成本前沿面上，达到 DEA 有效。

技术效率和配置效率的乘积决定了成本效率，从三者效率值的整体分布情况来看，成本效率低于 0.7 的黄芩种植户占比 26.21%，配置效率低于 0.7 的种植户有 4.37%，而技术效率低于 0.7 的样本种植户所占的比例仅有 0.97%，配置效率低下的种植户其比例明显高于技术效率低下种植户，且技术有效的样本种植户所占比例为 14.08%，而配置有效的样本种植户所占比例仅有 2.43%。因此可以得出，虽然配置效率均值相比技术效率略高，但成本效率无效的主要原因是配置效率引起的，提高配置效率对提高成本效率更加有效，同时也要兼顾技术效率的提高。

（2）成本效率区域特征

本文在前边章节中对宽城县和丰宁县黄芩种植的成本效益进行了比较分析，本部分旨在测算分析两个县域黄芩种植的成本效率，分析其投入要素的利用率及要素配比情况，具体效率值见表 5-41。

表 5-41　承德市宽城县、丰宁县黄芩种植成本效率对比分析

	宽城县		丰宁县	
	平均值	标准差	平均值	标准差
技术效率	0.849	0.089	0.844	0.739
配置效率	0.890	0.683	0.889	0.605
成本效率	0.753	0.796	0.749	0.719

从上表可以得到以下三点结论：

一是成本效率层面，丰宁县和宽城县的成本效率都有损失，平均值分别为 0.749 和 0.753，丰宁县的成本效率相较于宽城县低 0.004，两地成本效率差异不大，且效率值均有一定的提升空间。

二是技术效率层面，宽城县的技术效率均值较高为 0.849，丰宁县为 0.844。宽城县黄芩种植历史悠久，种植技术比较成熟，同时能够接受较多的新技术、新知识，使技术在黄芩种植中得到了较大程度的发挥。丰宁县地处承德市西北部，在技术更新推广上稍晚于东南地区的宽城县；从标准差上

看丰宁县的技术效率标准差较小，表明其种植户之间的技术效率差异较小。

三是配置效率层面，宽城县、丰宁县两地的配置效率水平较高且没有显著差异，效率值分别为 0.890 和 0.889，表明种植户在一定程度上能够实现对人工、土地等要素的科学配比。配置效率是基于要素价格在资源配合中的基础性作用，依据其价格进行不同资源的投入组合，在要素价格变高的情况下就要减少该要素的使用。因此两县黄芩种植户可以通过要素价格情况进行合理的投入组合，以期使配置效率达到前沿面有效。

5.3.5.2 影响因素结果分析

本研究使用 Eviews（8.0）对承德市黄芩成本效率的影响因素进行分析，具体结果见表 5-42。

表 5-42　承德市黄芩成本效率影响因素的回归结果

影响因素	回归系数	标准差	Z 检验值	P 值
年龄	0.000 172	0.000 196	0.878 147	0.379 9
已种黄芩年数	0.012 064 ***	0.002 925	4.124 767	0.000 0
受教育程度	0.014 401 *	0.007 372	1.953 383	0.050 8
黄芩收入占比	0.026 347 ***	0.006 866	3.837 418	0.000 1
播种面积	0.000 340	0.000 217	1.567 643	0.117 0
是否为优质种子	0.020 914 *	0.011 100	1.884 056	0.059 6
是否加入合作社	0.025 321 ***	0.009 559	2.648 819	0.008 1
是否接受过培训	0.023 284 ***	0.008 417	2.766 441	0.005 7
是否有政府补贴	0.003 292	0.008 105	0.406 219	0.684 6
C	0.577 154	0.012 465	46.300 82	0.000 0

注：*、＊＊、＊＊＊分别表示在 10%、5%、1%的水平下显著

从表 5-42 可以看出种植户的已种黄芩年数、受教育程度、黄芩收入占比、是否为优质种子、是否加入合作社、是否接受过培训这 6 个解释变量对承德市黄芩种植的成本效率有显著影响；样本种植户年龄、播种面积、是否有政府补贴对黄芩种植成本效率的影响不显著。

具体来看，已种黄芩年数、收入占比、是否加入合作社、是否接受过培训 4 个影响因素在 1%水平下对黄芩种植成本效率有正向影响。种植年数越长，表明种植户在技术运用及要素投入配比等方面的经验越丰富，能够有效

提供种植户的成本效率；黄芩收入占比越高，家庭越会依赖黄芩种植，种植户越会主动地学习种植技术，提高其经营管理水平，成本效率也就能得到有效提升；合作社将零散的种植户聚集到一起，通过种植技术的指导与市场信息的提供，种植户能够更好地进行黄芩的种植与销售，同时合作社的社员们可以相互学习，彼此分享种植经验，在生产经营过程中能够更加合理地进行要素的配比；参加相关技术培训能够使种植户更好地进行农业生产，掌握标准化的种植技术及科学的投入要素配比，从而提高黄芩种植成本效率。

受教育程度、是否为优质种子在 10% 水平下对黄芩种植成本效率有显著影响。受教育水平较高的种植户，他们的学习能力和接受新技术的能力均较强，与外界的联系较多，人脉也相对较广，因此收集的信息也相应较多，这些均对种植户的成本效率产生积极影响；中药材种子的质量在一定程度上决定着药材的品质和药性，黄芩作为承德道地药材，优质的种子能保证黄芩的产量及质量，同时也能减少生产环节的一些成本投入，从而提高黄芩种植的成本效率。

模型回归结果显示黄芩种植户的年龄、播种面积、是否有政府补贴对黄芩成本效率均有正向影响，但他们没有通过显著性检验，说明种植户的年龄、是否有政府补贴可以帮助种植户提高其生产效率，但是效果并不显著。种植户年龄越大，接受先进知识与技术的能力越弱，不利于提高自身的经营管理水平，从而对其成本效率的提高也就没有显著影响；播种面积的大小与种植户自身的精细化管理不成正比。结合当地实际，小规模种植与大规模种植均有粗放式经营的可能，不能证明其对成本效率的提升有显著作用；政府补贴项目与当地中药材种植品种、规模以及贫困户帮扶等方面均紧密联系，较少的种植者可以得到相关政府补贴，且一些种植户种植中药材仅是为了拿到当地政府的补贴，后续并没有精心从事黄芩的种植，因此政府补贴目前还没有对黄芩种植的成本效率产生显著影响。

5.3.6　主要结论

（1）分析结果发现在总成本的构成中，物质与服务费用＞土地费用＞人工成本。其中物质与服务费用中，肥料投入、机械作业费用及种子种苗费用占比较大，且承德地区黄芩种植机械化水平较低；在人工费用中，雇工费用占比较大，家庭用工相对较少，且除草费用是人工费用的主要构成要素；在土地成本中，租赁地租金占比较大，且土地租金因其土地类型及土壤肥力等因素存在较大差异。黄芩总产值平均值为 8 091.93 元/亩，总产值主要包括种子产值和黄芩药材产值，种子及药材价格随市场波动不稳，采收种子和药材的产量也因种植户不同的经营管理水平存在较大差异。在进行成本、效益的对比分析时发现，承德市南部的宽城县单位面积成本投入略高于丰宁县，单位面积的效益也好于丰宁。相对来看，宽城县黄芩种植类型属于高投入高产出型。

（2）运用 DEA-Tobit 模型对其成本效率及其影响因素进行实证研究，结果表明黄芩种植户的平均成本效率为 0.746，整体效率水平还有较大的上升空间，投入成本没有发挥最大效益，配置效率是影响其成本效率的主要原因，表明还需进一步优化配置投入要素比例。在两县的效率对比中，技术效率较低是影响成本效率的主要因素，且宽城县的技术效率和配置效率均大于丰宁县。

（3）在黄芩种植成本效率的影响因素分析中，得出已种黄芩年数、受教育程度、黄芩收入占比、是否为优质种子、是否加入合作社、是否接受过培训 6 个变量对黄芩的成本效率有正显著影响，种植户年龄、播种面积及是否享受政府补贴对其没有显著影响。

6 河北省特色产业全产业链发展特点及趋势分析

6.1 河北省特色产业全产业链发展总体状况

6.1.1 特色产业生产环节科技创新现状

发展特色产业是县域经济发展的核心和关键所在。科技创新对特色产业生产环节发展的影响表现有：第一，技术因素影响特色产业的生产效率和收入；第二，技术因素影响特色产业附加价值的提高；第三，技术因素影响特色产业集群的形成和发展。技术创新可以将初级生产要素改造成为高级生产要素，从而弥补资源禀赋的不足。没有核心技术，再好的资源禀赋也培育不出来世界级的特色产业。资源禀赋相似，一些乡村地区能发展起来推动地区经济发展的主打特色产业，而另一些地方则不能，原因就在于技术上的差异。技术创新可以提升特色产业生产设备，从而提高特色产业生产效率，降低生产成本，增加产品利润。同时，技术创新还可以提高产品质量，加快特色产品更新换代的速度，满足特色产品的市场需求的变化，因此特色产品竞争实际上是一场技术创新和技术追逐的竞赛。

从中药材产业来看，河北省通过建立"河北省药用植物种质资源库"和针对大宗药材品种开展选育、育种研究等方式进一步提升了生产环节科技含量，现已选育出高含量丹参、选优等10余个中药材新品种并在生产上进行了推广应用，其中"丹参病毒病原鉴定与脱病毒技术研究""马铃薯病毒和类病毒复合RT－PCR检测技术及应用"等研究均取得了丰硕成果。目前中药材生产的多个环节如种子处理、灌溉施肥、农药施用到药材收获、清洗净制、加工干燥、分级包装等都在逐步加快机械化进程，平地机械化种植、林下种植、仿野生种植、野生抚育、生态栽培等多种技术含量高的种植模式以及果药、林药、粮药和菜药间作套种等模式,使产业逐渐形成规模化生产,极大地促进了生产效益的提高。另外,根据河北省委办公厅、省政府办公厅联合印发的《关于加快推进中医药产业发展的实施意见》,河北省将搭建科研成果转化平台,为企业从产品研发到成果转化提供"一站式"服务,还将推动雄安新区建设中医药科技创新高地、建立国家中医医疗中心。实施"名医入冀计划",聘请省外中医领军人物参与、指导河北重大中医药科技创新、重大疑难疾病攻关。再如蔬菜产业,目前,虽然河北省蔬菜育种工作在专用品种培育方面与国外差距较大,但蔬菜集约化育苗技术研究及推广范围不断扩大、推广力度不断增强。另外蔬菜机械化、蔬菜质量安全与质量控制技术研究、蔬菜设施自动化和智能化研究、蔬菜水肥一体化技术研究、蔬菜加工技术研究及示范推广也取得了一定的效果。而水果产业从整体来看正通过科技集成创新,强力创新推广"新模式、新技术、新品种",推动果园管理向规范化、简约化、机械化、标准化等生产模式转变。如怀来县葡萄产业,近年来,怀来产区在葡萄种植架式更新和新技术引进方面实现重要突破。葡萄"厂"字形架势的转变结合控产措施很好地提升了葡萄原料的成熟度和一致性。对优良葡萄品种、品系的更新和换种给新建葡园注入了更强的优质基因,智能信息化的介入对病虫害预防、灾害天气预警、在线调亏灌溉以及科学配方施肥等方面增加了大数据的支撑,机械化、科学化种植也成为怀来产区葡萄基地有效管理的根本措施。河北省农业农村厅制定的《2021 年河北省果蔬标准化生产推进方案》提出,按照"生产标准化、产品标识化"要求,全面落实标准化生产技术规程,努力形成全覆盖式的果蔬标准化生产管理体系,促进果蔬规范化、标准化、集约化发展。

6.1.2 产业链延伸及品牌影响力分析

无论是杂粮产业还是其他特色产业,随着河北省实施农业产业绿色创新发展、延伸农产品产业链、打造美丽乡村理念的推广和实施,各产业正逐步关注新品种培育和深加工力度,不断延伸种植、产品研发、文化旅游及相关产业的融合发展。如中药材产业,随着中医药健康旅游、生态游的发展,中药景观农业、中药养生谷、健康特色小镇、药膳、康养田园综合体、养生养老基地等不断涌现,河北省中药材产业功能、范围不断被挖掘,产业链涉及范围不断得到新的拓展。但就目前情况来看，河北省产地精深加工、中医药健康旅游等三产融合发展仍然缺乏深度和广度。品牌方面，尽管全省特色优势中药材品种不少、品牌也具有了一定的知名度，但由于全国中药材种植地区多、市场广阔、品牌众多，河北省中药材品牌影响力仍有待进一步提升。再如蔬菜产业，结合河北省大力推进的蔬菜"三品一标"建设，近年来全省农产品区域公用品牌的数量逐年增多，但品牌价值和影响力还有待进一步提高，虽然到目前为止，河北省蔬菜经营主体品牌建设意识有所提升，但品牌注册数量和影响力与蔬菜大省地位仍然不相符，另外蔬菜地理标志认证数量也远低于其他蔬菜生产大省。水果产业与以往相比，目前区域品牌培育效果及产业化水平得到了进一步提升。河北省通过大力培育区域公用品牌，"泊头鸭梨""魏县鸭梨"等被国家市场监督管理总局批准为原产地地域保护产品，"晋州鸭梨""富岗苹果""怀来葡萄""深州蜜桃""兴隆山楂"等中国特色农产品区域品牌在全国的影响力日益扩大，2020 年 9 月，河北省辛集市辛集黄冠梨中国特色农产品优势区入选第四批中国特色农产品优势区。

河北省把特色产业品牌建设和品牌培育工作作为推动河北经济高质量发展的重要抓手，近年来出台了一系列鼓励政策措施，下一步，将充分发挥河北优势资源，在进一步强化对特色产业集群支持的同时，积极构建"区域品牌＋商标品牌＋产品品牌"联动发展的品牌工作体系。根据省政府办公厅印发的《河北省县域特色产业振兴工作方案》，河北省将突出区域特色，加强顶层设计，积极探索新模式、新业态，促进县域经济特色化、特色经济产业化、产业经济集群化，做优做强做大特色产业，预计到 2022 年，县域特色产业结构进一步优化，培育一批名品名牌，年营业收入超 50 亿元的产业集群达到 170 个左右，超 100 亿元的达到 100 个左右。

6.1.3 流通环节情况分析

近年来，随着现代信息技术的高速发展，互联网产业蒸蒸日上，在改变社会的生产、生活方式的同时，农产品流通和互联网密切融合，在传统流通的基础上，越来越多的网上交易平台建立，物流配送体系越来越完善，极大地促进了生产销售的对接，传统交易模式快速向现代物流和电子商务发展。如中药材产业，河北省发挥安国市为北方最大中药材集散地的优势，在当地建立数字中药都，并与全国数字农事资源平台共同建立网上交易、质量检查、全程溯源一体化的新模式，使安国逐步成为全国最大中药材集散地，实现了中药材流通环节从单一的传统市场交易向数字化信息、现代物流、电子商务等相结合的融合方式过渡和发展；河北省虽然是蔬菜生产大省，但和其他省份相比，蔬菜出口额多年来排名一直较为靠后，但目前已开始从以低价优势扩大市场份额逐渐向注重通过品质提升来增加出口额。随着时代的发展进步，电子商务、农超对接、订单农业等渠道的不断发展完善，河北省生鲜蔬菜流通也在主要依靠批发市场完成"散—聚—散"三段式流通的基础上，正在朝着革新化、现代化方向发展。

近年来，工信部与商务部先后发布《进一步促进产业集群发展的指导意见》《"互联网＋流通"行动计划》等系列文件，大力推进互联网与流通产业的深度融合，加快"互联网＋"产业集群行动，推进地方产业的发展。尽管河北特色产业在地方经济发展中作用突出，但农产品愈来愈难以靠成本优势和价格优势来获得持续发展，在互联网经济背景下，如何进一步创新流通机能，完善互联网经济下新流通分工体系，使河北特色农业产业能够与互联网经济相融合，更好地发挥现代流通在特色产业发展中的引领作用，成为新形势下促进特色农业产业高质量发展的重要课题。

6.2 河北省特色产业全产业链发展总体状况——以杂粮产业为例

6.2.1 杂粮杂豆加工及流通情况

6.2.1.1 杂粮杂豆加工情况

近年来，国民经济不断发展，人们收入不断增加，生活水平越来越高，人们不再只求温饱，对饮食结构的需求也逐渐多样化，而食用杂粮有助于调整饮食结构，有利于身体健康。这与人们对保健日渐重视的思想正好相符合，杂粮在人们的饭桌上越来越常见，杂粮加工业也因此实现了大发展。

以河北省为例，整体来看，河北省杂粮加工企业在各市县的分布、企业数量和企业规模等方面有所不同，虽然各地的加工企业各有不同，但在某些方面又存在共通点。首先是小米加工企业，河北省小米加工企业情况如下：

从其分布地来看，主要分布在石家庄、邯郸等小米的集中运销地区，或是张家口、承德、衡水等谷子的主要生产地区；从数量来看，河北省拥有的小米加工企业有300家左右，虽数量不少，但经过深入研究发现，这些加工企业大多数是对自然粮进行简单的初加工，而非深加工，初加工企业占比97%，而深加工企业仅占比3%。其次是高粱加工企业，河北省高粱加工企业情况如下：从其分布地来看，主要是在承德、秦皇岛等地区；从用途来看，目前白酒酿造用途的加工业占据高粱加工企业的比例较大，而其他用途的数量较少；从规模来看，规模较大的且从事白酒酿造的企业比重大，数量在200家以上。再次是燕麦加工企业，河北省是燕麦的主要产区，从事燕麦相关的企业就有200多家，相对于河北省其他杂粮加工企业，燕麦加工企业发展较为完善，产品加工用途不仅是在食品方面，还有化妆品加工等用途的深加工，燕麦加工企业有100多家，且主要集中在河北省张家口市万全区，张家口的燕麦产业链较长，并不局限于对原粮的初加工，而是不断纵向深入发展，进行高端产品深入加工，因此张家口燕麦加工企业居于重要地位，张家口燕麦加工产业的发展壮大，为其他地区杂粮加工业的发展提供了一定的参考。最后绿豆和红小豆加工企业，河北省的绿豆和红小豆加工企业分布较为分散，呈零星分布状态，其中蔚康杂豆加工企业张家口蔚县的暖泉、翔龙粮油贸易有限公司和康保县的河北绿坝粮油集团有限公司等规模较大、发展态势良好，主要分布于张家口、衡水等区域。多数加工企业对自然粮主要采取初加工和分级加工的方式，形成的产品以豆糊、糊糊面、粉丝、凉粉等为主，且以小作坊加工为主，未形成规模化，缺乏龙头企业带动，销路以本地市场为主，产品辐射范围有限，品牌意识淡薄，没有形成以品牌建设为导向的加工模式。

整体而言，河北省杂粮加工在现阶段仍以初加工为主，加工水平落后，技术有待进步，精加工以及深加工发展缓慢，阻碍了产业链的优化升级，产品不能获得更高的附加值，品牌意识淡薄，未形成具有影响力的自有品牌，加工企业未起到引领产业发展的作用。

6.2.1.2 杂粮杂豆流通情况

杂粮产品市场流通主体主要涉及从杂粮生产到终端消费过程中所有参与者，其中最主要的流通主体涉及杂粮生产者、中间商或贸易商、杂粮加工企业、杂粮批发市场、超市和终端消费者等。从目前河北省杂粮流通情况来看，主要流通渠道有如下几种：

（1）杂粮生产者→消费者

这是最传统的一种消费方式，即农户将自己生产的杂粮产品直接拿到农贸市场上去销售。还有一部分农民将自己的杂粮原粮在当地小磨坊中加工成净粮后，委托在城市打工的亲戚或朋友，直接销售出去，这种现象在秦皇岛的青龙、卢龙县的谷农中非常普遍；在张家口部分白高粱种植者同样通过将收获的白高粱在本村的磨坊加工成高粱面粉，然后直接到集市上销售。

（2）杂粮生产者→中间商贩→贸易商→杂粮深加工企业→消费者

中间商贩收购由于其灵活、便利和流动性比较强，是目前杂粮生产者销售杂粮最常见的一种方式，尤其是对小规模的杂粮经营者而言。中间商贩将自己收购的杂粮原粮不经过任何处理，销售给规模相对较大的杂粮贸易商，中间商贩从中赚取价差。一般情况下，杂粮贸易商都会对原粮进行简单粗加工，比如筛选、色选等，然后再将其销售给深加工企业，诸如高粱贸易商将经过简单粗加工的高粱产品卖给下游酒厂等，最终酒厂生产的酒直接对接消费者市场。

（3）杂粮生产者→中间商贩→杂粮集散地→批发市场或零售店或深加工企业→消费者

河北省有藁城、孟村、蔚县、曲周四大杂粮集散地，在杂粮集散地聚集着大批量的杂粮加工企业，中间商贩将从杂粮生产者手中收购的原粮直接销售给附近的杂粮集散地加工企业，集散地加工企业对原粮进行初、精加工直接对接批发市场、零售店或者下游精深加工企业，最后终端产品才能进入消费者手中。

（4）杂粮生产者→杂粮加工企业（的订单模式）→消费者

杂粮加工企业为了避免利润流失，采取订单式的收购方式，在收获之前，乃至种植之前，就和农户谈好价格，对农户的杂粮产品签订合同，进行收购。这种模式，既能保证收购的产品质量，还可以减少中间流通环节带来的利润流失，对农户和企业是一种双赢的模式。目前，有一些杂粮深加工企业也通过和生产大户、家庭农场或者合作社建立联合体的形式，从而建立起杂粮生产者和加工企业之间稳定的订单式产销关系。

（5）杂粮生产者→电子商务平台→消费者

目前电子商务在农产品营销中应用已经相当普及。在杂粮杂豆产业发展领域，电商平台利用的更多是发端于杂粮加工企业，而不是直接的杂粮生产者。但是，对于部分杂粮生产者而言，他们往往既扮演者杂粮生产者，又扮演者杂粮加工者的角色（或者找别人待加工后自己收回产品自行销售）。从实地调查结果来看，这些具有双重角色的杂粮生产者，有一部分人已经将自己的产品销售渠道定位到电子商务平台了。

6.2.2　科技创新与进步情况分析

6.2.2.1　品种选育方面

（1）谷子

目前生产上大面积推广的谷子品种主要有张杂系列、冀谷系列为主，同时还有常规品种 8311、吨谷、大白谷、优质衡谷 11、衡谷 14、衡谷 15、汇华金米等。其中张杂系列中主推品种有张杂谷 3 号、5 号、6 号、13 号及 19 号，与常规品种 8311（易倒伏，影响后期收获）等相比，张杂系列品种长势好、产量高，抗倒伏能力比较强，适于机械化收割，尤其是张杂谷 13 号不仅米质优、抗除草剂，而且效益较高，适宜在高产田及水地等推广；张杂谷 3 号及张杂谷 19 号抗逆性好，适宜旱地雨养种植；张杂谷 6 号生长期短，适宜生育期较短地区推广种植。与夏谷相比，冀谷系列品种中冀谷 39 不仅克服了夏谷米色浅的不足，在颜色、实用性、市场需求、口感等方面效果都很好。同时，该品种对自然地理、气候条件适应性比较强，可在黄淮海麦茬夏播或丘陵旱地晚春播，春播也可在陕西、吉林、北京、冀东北有效积温 3 000℃以上地区进行。适宜播期比较长，在河北省一般早播、晚播均可成熟。冀谷 42 米色鲜黄、米粥香甜黏软，有很大的市场需求；其脂肪低油酸高，不易变质，储存时间长，适合食品加工；抗拿捕净除草剂，能用配套除草剂间苗和除草，栽培简单、适合机械化收获。

（2）高粱

河北省目前生产上主推且种植面积较大的为糯高粱，主要涉及红缨子、红茅粱 6 号、冀酿 2 号、兴湘粱 2 号等几个品种，其主要特点是商品性好，大多能实现订单生产，基本实现机械化收获。

（3）燕麦

目前生产上主要推广的品种有坝莜 1 号、花早 2 号、坝莜 18 号、张莜 7 号、坝莜 6 号等品种。坝莜 1 号的主要特点是籽粒外观好、适应性广、综合生产性能较好；花早 2 号、坝莜 6 号的主要特点是矮秆早熟、抗倒伏、适宜在高水肥地区种植；坝莜 18 号的主要特点是产量潜力大，适宜在高水肥地区种植。

（4）食用豆

目前主要生产的绿豆品种主要有冀绿 7 号、9 号、11 号、13 号、0816 号和张绿 1 号；芸豆品种有坝上小芸豆、冀张芸 1 号、冀张芸 3 号，蚕豆品种有张蚕 1 号。小豆品种有冀红 9218、352、16 号和保红 947，通过试验示范，发现这些品种具备产量高、抗病虫害性好、综合商品性好等特质。

6.2.2.2　栽培管理技术方面

在谷子栽培管理方面推广应用了谷子的穴播精播技术、油葵谷子一年两作栽培技术、以及富硒谷子生产技术等，都取得了良好的效果；全省大力实行"三位一体"种植模式，种植面积已达 100 多万亩，该模式的应用成效显著，节约了水资源的同时，提升了产业综合效益。冀东地区，采用该模式，大约每亩节约水资源 50 米^3，产量平均每亩增加 50 千克，效益每亩平均增加 467.2 元，"春小麦＋夏谷（冀谷 39）一年两熟栽培模式"在昌黎获得成功，填补了冀东地区一年两熟种植模式的空白。在高粱的田间栽培管理方面，主推的有高粱全程机械化生产技术、专用高粱除草剂等，这些技术基本在高粱种植区域实现了推广应用，但由于各高粱品种特性不同，机械化实现程度和效果不同。更加高效的专用除草剂的开发应用将是高粱田间栽培管理技术创新的一个重要方向。燕麦的栽培与管理技术方面主推的有免秋耕技术、有机栽培技术等旱地栽培技术，这些技术在燕麦主产区基本都能示范推广。今后一段时期，针对燕麦产区干旱半干旱的气候特点，开展抗旱丰产栽培技术研究、地膜覆盖种植技术研究、免秋耕蓄沙固土栽培技术研究、抗盐碱栽培技术研究，以及有机、绿色、无公害栽培技术研究等将是燕麦栽培管理技术创新的主攻方向。食用豆田间栽培管理技术方面主推了防治病虫草害技术、简化栽培技术模式和机械化收播。2018 年试验示范一部分实现了机械化。培育适合机械化的新品种，进一步推进食用豆类作物精简化栽培是其创新的主要方向。

6.2.2.3　农机具研发方面

目前为止，在各类杂粮作物中，谷子生产的配套农机具最全，几乎涵盖了从播种、中耕、施药到收获，甚至地膜回收等整个生产流程的各个田间管理环节；高粱配套农机仅有勺轮式和气吸式播种机，收获机械多为小麦联合收割机替换割台进行工作；燕麦没有专用农机具，现有的播种、收获农机具主要是小麦用的农机具，基本能满足燕麦生产的需要；食用豆生产配套机械目前可用的主要是绿豆红小豆精量播种机和滚筒式绿豆脱粒机。由此可以看出，和大宗作物诸如小麦、玉米等的配套农机具而言，杂粮杂豆生产配套农机具的研发相对滞后，而且其故障率高、精度低，像高粱的收获、燕麦的收播等甚至缺乏自己专用的农机具。使用便利、精度高、损失率低的杂粮杂豆生产配套的专用农机具研发，诸如谷子精量穴播机和谷子智能化播种机研发改进，高粱、燕麦、绿豆生产专用配套机具的筛选和改进等仍然是未来农机具研发技术创新的主要方向。

6.2.2.4　产品加工技术创新方面

创新团队在杂粮杂豆深加工产品研发和技术创新方面取得重大进展。取得的创新性成果如下：第一，以燕麦麸皮粉为原料，通过超临界二氧化碳萃取法去除原料中的脂类，利用水提醇沉方法制备燕麦 β-葡聚糖粗品，去除粗品中残余的杂质，结合冷冻干燥法对粗品进行初次干燥，最后以铵盐沉淀法对燕麦 β-葡聚糖粗品进行再次纯化，最终获得燕麦 β-葡聚糖提纯品。第二，以燕麦胚芽为原料，利用正己烷浸提法对其中油脂进行分离，制备燕麦油。此方法对燕麦油脂中不饱和脂肪酸影响较小，能够较大程度上保留燕麦油脂中脂肪酸不饱和度。第三，采用超低温粉碎技术，将物料降低到一定温度呈脆化状态，然后，脆化的物料再经过外力作用撞击，形成细小的、细度可达微米等级的颗粒状，进而从较大程度上保留燕麦中的原有营养成分，得到可食用面膜粉。第四，采用条件胁迫方式诱导小米糙米中基因表达，使小米糙米对环境条件变化产生明显的生物学响应，提高小米糙米发芽过程中部分营养物质的高量表达。基于前期研究工作，经重复试验，确定条件胁迫诱导小米糙米高响应表达技术路线。第五，以发芽小米糙米为原料研发了富含

γ-氨基丁酸等营养成分的小米粉馒头。第六，针对绿豆、红小豆资源丰富、营养价值高等特点，以河北省代表性绿豆、红小豆为原料，结合红枣和牛奶等，以木糖醇为基础甜味剂，通过复配和优化，对全豆饮料胚芽、配方进行优化，同时，采用均质、高压灭菌技术等措施，提升产品稳定性和安全性，制备全豆液体饮料。后续将采用超声波协同水浸提方式，将萌发芽体中活性物质浓缩，作为营养添加物添加到传统食品中，以期达到提高食品营养价值的目的。还可以将芽体中保湿类功能性多糖用于保湿类化妆品研发。

6.3 特色产业全产业链发展案例：以谷之禅为例

张家口地区是全国第二大燕麦主产区，燕麦种植历史悠久，作为当地特色产业，燕麦产业的发展对于提高该区人民生活水平及推动乡村振兴起着非常重要的作用。发展张家口市燕麦产业，延伸燕麦产业链，带动产业链上游农户的收入，对产业发展至关重要。目前张家口市燕麦产业链较完善，众多燕麦企业已实现产业一体化经营。但整体来看，张家口地区燕麦产业仍以初加工业为主，燕麦产品的附加值及所获经济效益仍然有很大的提升空间，同时，燕麦作为当地特色农产品，产业链布局及链条长度仍需要进一步完善，对解决当地三农问题的带动作用仍有待进一步加强。位于张家口市传统燕麦种植大县尚义县的谷之禅张家口食品有限公司成立于 2013 年 4 月，经过几年的发展，公司已形成有机种植、精深加工、品牌营销、科技研发、康养旅游五位一体的产业集团。作为中国燕麦大健康引领者，公司自成立以来专注于燕麦系列产品的种植、生产、研发、推广，完成了一二三产业的有机融合，为行业在转型升级中的发展以及产业扶贫提供了提质增效的广阔平台。

（1）依托产业化联合体，推进标准化生产

谷之禅有限公司在尚义拥有 5 万亩燕麦种植基地，其中，依托全县易地搬迁和水改旱等工作，提质扩模新增种植面积 3.6 万亩。除了燕麦，为满足自身系列产品的原料供给，公司首次在尚义引种了藜麦和青稞。随着燕麦产业项目的实施，本着"关联紧密、分工明确、链条完整、利益共享"的原则，整合尚义县与燕麦种植和深加工相关联的家庭农场、农民合作社、种植大户等系列新型经营主体组建的"谷之禅燕麦产业化联合体"业已形成。联合体制定统一章程、统一种植管理标准，按照种植标准化、农民职业化的思路，公司与合作社签订协议，确定种植内容、制定种植标准、统一采购种子肥料等，合作社统一组织人员参与种植、管理、收割、晾晒等各环节的劳务。

(2) 借助健康饮食文化，创造三产融合内生条件

公司贴合健康饮食的大趋势，看好越来越多的消费者将健康视为一种整体的、积极主动的、持续的追求目标，积极开发高纤维食品及饮品，如"谷为纤只有燕麦和水"饮品，采用双酶解专利技术，留大部分天然营养，生产过程中没有额外添加。企业在行业内首次提出的大众"健康主食"理念，在中国传统主食领域开创性实现了"燕麦主食"全覆盖。2018年11月公司旗下的谷食堂（北京）餐饮有限公司系列主食产品亮相第三届华夏糖尿病诊疗与健康管理高峰论坛。目前谷之禅已经形成了特色燕麦品牌，在超市、餐饮、社区等地都有销售。随着公司实力的不断增强及人们对燕麦产品认知度的不断提高，燕麦产品的销售渠道将进一步拓宽。

(3) 科技支撑产业升级，提供三产融合新动能

自成立之初，公司秉承"科技引领、创新驱动"的理念，本着"大、高、低"（大众化主食、高科技附加值、低血糖生成指数）的发展方向，对燕麦的传统饮食进行了革命性的提档升级。目前公司拥有先进的膨化机、饮品灌装生产线、包装设备等，配套有10万级与万级GMP洁净区的生产车间，拥有独立的研发和品控中心，与中国农业大学、中国食品工业协会杂粮委员会、江南大学食品学院、北京协同创新发展研究院、解放军301医院、北京协和医院、张家口市农科院等多家院校和科研院所建立了战略合作伙伴关系，以不断提升燕麦产品的科技含量。2018年9月6日在北京举行的第十八届中国方便食品大会"创新产品颁奖仪式"上，企业研发的燕麦系列饮品荣获"2018年中国方便食品行业优秀创新奖"。

(4) 打造两大品牌，产品加工纵深发展

截至目前，谷之禅张家口食品有限公司作为尚义县燕麦产业发展引领者，拥有"谷为纤"和"谷食堂"两大独立品牌，形成了燕麦饮品、谷物粉、藜麦米和燕麦仁、燕麦主食、燕麦西点等五大系列产品。其中"谷为纤"饮品"只有燕麦和水"目前已在北京、河北、山东、河南、江西、浙江、上海等省市的13个地区布局推广。烘焙系列产品主要走向高端烘焙连锁体系，"谷食堂"燕麦主食已实现直营店、健康体验中心、加盟店等多渠道营销格局。目前两品牌产品的全国营销已初步形成以京津冀为核心，以华东、华南为支撑，线上电商渠道和线下商超渠道、烘焙渠道、便利渠道等四大销售体系，同时谷之禅与每日优鲜达成全国战略合作协议，携手开拓全国市场。

（5）完善旅游产业链，助推三产融合发展

企业大力发展旅游业，把视野拓展到更广阔更深远的空间寻找价值，将燕麦生产过程、生产方式、生产环境与康养旅游相结合成立的河北迈康旅游开发有限公司，引导京津冀游客到尚义康养基地休养度假，为游客提供直接体验燕麦饮食和直观感受燕麦文化的平台，通过"我在坝上有亩田"的会员推广模式发展黏性会员，开展燕麦主食的慢病院外管理和合同连锁加盟，根据会员身体状况科学制定健康饮食方案和燕麦主食套餐，有针对性地为会员提供科学的健康管理服务。2019 年 7 月和 8 月，已接待游客 2 100 人次，直接销售产品 34 000 余元。公司目前正在石家庄、唐山、张家口多家医院进行针对糖尿病人食疗康复临床数据采集。

（6）建立连贫带贫增收的模式与机制，助推三产融合新高度

公司以"全产业带动和点对点扶助相结合"为指导原则，充分利用燕麦传统产业提档升级的发展空间，把扶贫工作贯穿到一二三产业的全链条之中。一方面依托联合体，提质扩模带动农民增收，如与联合体成员签订燕麦购销合同，约定高于市场价予以收购，2018 年通过依托土地流转收入、耕地保护补贴和订单溢价收入，"联合体"中已有 529 户、1 059 人脱贫出列；另一方面，依托产业链，创造岗位推动就业扶贫。如创建粉体包装助残扶贫车间，设立扶贫岗位，安排有劳动能力和就业意愿的贫困人员和弱势群体实现就业，启动"居家就业扶贫"模式，将需要分装的产品，送到农户家里分装，计件付酬，带动弱势贫困人口增收。另外，公司还依托销售量，建立基金开展消费扶贫，制定专门的基金提取使用管理办法，从销售的主营产品中，每销售一瓶饮料提取 0.5～1 角的扶贫基金，用于到 2020 年所辐射的贫困户脱贫出列时政府扶贫政策体系之外的资金增量保障。

7 | 河北省特色产业的产业链发展问题及对策

7.1 河北省特色产业全产业链发展问题及对策

7.1.1 河北省特色产业发展存在的问题及原因分析

(1) 产业发展缺乏资金支持

特色产业发展对资金的需求较大。本研究 2018—2020 年持续追踪调研蔚县、顺平、定州、巨鹿等 16 个县市，76.6％的受访经营主体问卷调查结果认为在特色产业发展过程中资金制约是一大影响因素。目前，河北各项特色产业发展的资金缺口仍然很大，综合表现在：一方面，农业特色产业、科技投资需要大量的财力支持，但收益回报期限较长，在地区财力紧张的情况下通常会优先考虑其他投资；另一方面，一些特色产业需要科研机构支持，这对费用的需求较大，种植户无法负担高额的费用，严重阻碍了特色产业的建设和发展。特色产业发展资金支持的最大推手是政府的财政转移和金融机构的资金扶持，而特色农业产业的经营方式多是自发的民营企业，在创业时原始投入资本有限，资金规模无法满足企业经营目标所需。银行融资门槛高，特色农业类中小企业很难获得进入机会，缺乏融资渠道及手段，导致生产资金短缺，生产过程中难以把握较好的投资机会，不利于企业长期发展。虽然近年来有一系列金融支持活动开展，如河北省发展和改革委员会、河北省人力资源和社会保障厅、中国农业发展银行河北省分行（以下简称"省农发行"）共同开展的"保主体稳就业"政策性金融支持专项，省农发行安排总量 500 亿元专项信贷资金，统筹新发展阶段支农业务，重点支持和巩固脱贫攻坚成果与推动乡村振兴有效衔接，促进农业现代化、农业农村建设和区域协调发展，其中重点支持项目之一就是县域特色产业集群及龙头企业项目发展，但支持力度仍需进一步提升。

(2) 分散经营制约产业发展

农业机械化是现代农业的物质基础。目前，农村分散经营的土地模式不仅严重阻碍了农业机械的推广使用，影响土地的科学管理，不利于劳动生产率和土地利用率产出率的进一步提高，影响了农民增收、农业增效，阻碍了现代农业发展。河北省各类特色产业总体还处于发展阶段，还需努力把资源优势转化为产业优势，但目前土地流转市场建设还远未达到成熟，土地规模偏小，层次偏低，缺少相对集中的规模化、专业化的开发，土地制约明显。转型升级既要靠存量，更要靠增量，需要新上一批好项目，而目前河北省土地指标的 80% 都保障了省重点项目，20% 的土地指标分到各县已经所剩无几，因特色产业投资规模制约不易得到土地指标，造成一些好的项目得不到土地而流失到外省。只有土地要素被激活，以专业化、集约化、产业化为特征的特色农业产业才能健康发展。

(3) 从业人员素质有待提升

调研显示，样本中农户受教程度为专科及以上的不足 5%，由此可见，河北省农村劳动力素质仍有待提高，目前难以满足产业发展的需求，素质偏低的劳动力结构会阻碍农业科学技术的推广，使劳动生产效率降低，直接影响特色产业的科学化、集约化、市场化的过程。但是，在劳动力培训方面，接受调查的样本仍有半数左右的农户参加过培训，虽然整体上农户对劳动力培训持支持态度，但接受劳动力培训的意愿不强烈，对培训的作用认识不清晰，同时农户自身市场意识较薄弱，经常把握不准市场行情，易错过一些具有市场前景的特色产业项目，仍然需要相应的具体培训工作和宣传，否则无法适应特色产业发展的需要。另外，河北省特色农产品企业多是家族式经营模式的私营中小企业，最明显特征为公司决策家长制，排斥其他人力资本的参与决策。且农业从业人员素质较低，大多以生产经验指导种植，未接受过相应的职业培训或教育，缺乏科学种植手段。

(4) 质量追溯体系需进一步完善

近年来，为确保人民群众"舌尖上的安全"，河北省委省政府高度重视农产品追溯体系建设，农产品质量安全追溯工作多层次推进、全方位开展，追溯体系建设初见成效。据统计，截至 2020 年底，河北全省"菜篮子"产品生产企业、农民合作社、家庭农场、种养大户等四类规模生产经营主体共计3.56万家，已实现农产品可追溯的2.52万家，覆盖面达70.8%（其中，活畜禽、生鲜肉、生鲜乳规模生产经营主体已100%实现可追溯）。而蔬菜、水果、中药材、禽蛋、水产品规模生产经营主体实现50.5%的可追溯，可见农业特色种植产业质量追溯体系仍有待进一步完善。以中药材产业为例，河北省2016年开始支持研究开发省级中药材质量追溯平台，截至2020年底已实现中药材大县和500亩以上规模基地全覆盖，在此基础上，还建设完善了中药材全产业链大数据信息服务平台，包含饮片、投入品、金融、物流等板块，目前已覆盖种植基地1 500家以上、中药及饮片企业120家以上，但远未实现全覆盖。

(5) 品牌知名度不高，产业链条短

随着经济的高速发展，消费者对特色产业产品需求的要求不断提高，当前特色产业市场竞争中，"品牌"是"特色"的一种展示。目前河北省虽拥有影响力较强、市场前景广阔、适合高端消费的玉田包尖白菜、富岗苹果、鸡泽辣椒、昌黎葡萄酒、饶阳蔬菜、平泉香菇、黄骅冬枣、迁西板栗等区域公用品牌及企美蔬菜、长城葡萄酒等农业企业品牌，但整体特色产业转向品牌产品的跨越仍有很大的进步空间。同时，龙头带动企业仍然偏少，据统计，截至2019年，在农业产业化发展龙头企业500强中，河北省仅有3家农企上榜。河北省农产品龙头加工企业数量少，普遍存在大而非强的特点，影响力较弱，难以发挥先进带后进、以强带弱的辐射作用。缺乏牵头引导农户创建特色产业品牌的企业。以中药材产业为例，河北省多数中药材基地、道地药材产区，均是第一产业独大，产品销售基本都是原料药材，产地精加工、深加工、健康产品生产、中医药健康旅游、产地仓储、产区市场和销售平台等综合发展不够，缺少龙头企业带动，缺乏一二三产融合。例如，金银花主要以烘干作为初加工的主要方式，其深加工产业存在滞后性，导致其产业带动能力低下。虽然有一批加工金银花的龙头企业，但加工能力有限，自产金银花很少用于当地，大部分在初加工后便作为原材料售往山东金银花集散地以进行二次销售，导致当地缺乏高附加值产品。同样，蔬菜加工是延长蔬菜产业链、提高附加值的重要环节，而河北省蔬菜加工处于较落后阶段，不及全国平均水平，虽有定州鲜洁、隆尧金源、承德丰大等净菜制品、蔬菜干

制品、酱腌菜制品等加工企业，但加工能力及带动能力仍然有限，蔬菜作为产品原料运往省外加工的情况并不少见。三产融合方面，虽然目前涌现出一批如滦平热河中药花海小镇、张家口谷之禅"我在坝上有亩田"等项目，但整体仍然有很大的发展空间。整体来看，河北省特色农产品全产业链技术含量及价值增量不足，企业商标及专利意识整体薄弱，缺乏一定的竞争力。据统计，2020年全省农产品加工转化率为59%，大多以直接批发、零售或腌渍类初级加工为主，无法满足市场多样化需求，不适应供给侧结构性改革要求。

（6）产业发展缺乏全局统筹，农业现代化运营模式建设滞后

河北省各县域农业特色产业的发展历史长短不一，有的历史悠久，早在改革开放后就进行了推广发展，如易县磨盘柿子，而有的只有两三年的时间。农业特色产业发展的规模和速度也不一，且产业发展的模式、重心和创新类型等也不尽相同。通过调研发现，这些主要是由于特色产业发展缺乏全局统筹，主要靠农民自发进行，产业过于分散，缺少组织性。也正因如此，特色产业的发展速度和规模都受到了较大的制约，急需政府的规划、引导。另外，河北省农业现代化物流体系建设起步较晚、基础不足，还不能适应特色产业高质量发展的需要。目前，现代化物流设施建设虽然取得了不小成就，但与农业现代化物流发展的要求相比、与城乡居民的期望相比仍有不小的差距，尤其是适合新鲜水果蔬菜等特色农产品仓储、运输的物流设施建设滞后，不仅不能满足消费者消费新鲜水果蔬菜的需要，而且会使部分水果蔬菜在仓储、运输环境变质。与此同时，农业物流信息化建设也相对落后。尽管也建立了一些农业信息网络，但基本没有延伸到农村。加之目前农业物流信息资源较为分散、发布更新不及时等因素，导致农业物流信息技术缺乏时效性；另外，调研发现，河北省特色产业发展中新型经营主体发展存在一定不足，多数产业仍以农户为主体，且参与合作经营热情不高。而目前合作社发展仍然欠规范，高质量的合作社比例较低，"空壳"合作社、"僵尸"合作社一定程度存在。合作社理事长和家庭农场主的发展思路受限，法律意识和管理水平有待提升，财务管理欠规范。家庭农场发展目前无法可依，从认定管理转为名录管理后，家庭农场的管理暂未理顺。

7.1.2　河北省特色产业发展对策和建议

（1）进一步落实政策扶持，加大金融支持

政府要进一步发挥引导作用，采取措施做好细化扶持政策的工作、落实农业补贴等。根据河北省实际情况，因地制宜地出台强农富农政策，让政策落实到农户和特色产业企业的发展上，调动农户和企业的积极性，增强农户和企业发展特色产业的信心和决心，实行适度规模经营。找准发展特色产业的突破口，有针对性地按照全省特色产业发展规划，制定相关发展方案，提高财政补贴，落实补贴政策。加大金融支持力度，可以通过政府的投资、农民间自由出资融资、引入社会资本等多方面的汇集资金方式，完善特色产业融资体系，使特色产业发展资金方面有保障。同时，建立并完善资金担保机制，支持、推广抵押贷款，对于农户设计特色产业项目资金给予一定优惠；通过对发展特色产业的企业进行奖补，发展好的企业适当增加信贷投放，政府协调好各金融机构相关工作。

（2）优化产业布局，推进产业优势区建设

进一步优化特色农产品生产布局，做大做强优势特色农业产业，集中力量打造一批特优区，是推进河北省农业供给侧结构性改革的客观要求，是推进农业绿色发展的有效途径，是促进农民增收、带动贫困地区发展的重要抓手，是提高河北省农业竞争力的必然选择。积极引导农村土地流转，推进土地规模化经营。鼓励引导土地承包经营权在公开市场上向专业大户、家庭农场、农民合作社、农业企业流转。在推选土地合作、入股、托管等土地经营模式，进一步提高农业规模化经营水平，提高土地利用效率的基础上，进一步优化和提高特色产业组织领导结构与水平，对于产品生产大县和重点产区成立专门的组织领导机构，加强产业调研，跟踪产业动态，把握产业趋势，为推动产业更好的健康发展及时开发制定具体措施，优化产业布局，避免盲目发展。加快建设京津冀绿色优质农产品供给基地，落实"一减四增"要求，按照大产业抓小品种、新产业抓大基地、老产业抓新提升、强产业抓固根基的思路，优化布局、突出特色、连片开发、规模发展。

（3）强化科技支撑，促进品牌建设

加强县域特色产业发展科技创新体系建设。支撑县域特色产业发展的科技创新体系是一个以县域特色产业科研为基础，以特色产品推广为纽带，以高新技术产业化为特征，以人才使用为核心的总体创新体系；是一个在特定县域内与特色产业科技创新相关的组织、机构和实现创新所构成的网络体系；是以服务、提升县域特色产业创新能力和创新效率为目标的新体系。在支撑县域特色产业发展的科技创新体系中，政府、高等院校、科研机构、龙头企业、农业专业技术协会、农业基地等为创新主体，良性互动，制度、政策和环境相互协调，技术、人才、资金等创新要素协同作用，从而实现科技资源的有效集成和合理配置，实现县域特色产业的快速发展。如阜平县按照"政银企户保"模式发展食用菌产业，政府扶持作为产业支撑不仅使县域特色产业得到发展，也有效地推动了产业扶贫。河北省特色农业产业的持续发展需要以特色产业的开发为立足点，树立品牌意识，打造优势品牌，提高产品的知名度和影响力，得到消费者的接纳，培养消费者品牌忠诚度，推进发展步伐。要打造特色产业的知名度，稳步提高产业效益，实施品牌战略。一方面，企业与政府应具有品牌意识，根据河北省特色产业发展的实际情况选择合适的品牌产品做好品牌建设，重点杂粮、中药材、蔬果等已具有一定产业基础和产品影响力的特色产品。另一方面，要做好特色产业的品牌战略定位，根据当今消费市场受欢迎的消费偏好，如与"养生""天然健康""绿色"等方面相结合打造特色产业品牌。实行差异化战略，提升特色产品的品牌效应和核心竞争力。加强商标注册，尽快形成产业商标群，形成独具河北特色的品牌体系。

(4) 大力发展农村职业教育，提升乡村劳动力素质

针对从业人员素质不高的情况，应积极探索科技普及新途径、加大农业实用技术培训。将县镇集中培训与进村办班培训相结合，加强农民科技培训、打造新型职业农民是新时期的一项重要任务。培训工作要切合实际，根据各地农村经济发展状况，科学制定好中长期培训规划，有目标、有步骤地组织实施。要充分运用举办科普报告讲座、组织科普知识竞赛、送科技下乡、开展科技咨询、专家学者田间指导、互联网技术、播放科教电影和录像等多种形式，向广大农民传授科学知识。运用报刊、图书、广播、影视、音像、微信等传播手段，采用丰富多样、生动活泼、群众喜闻乐见的形式，加大日常科普宣传力度。截至目前，全省已累计培养高素质农民 25.4 万人。

此外，应继续将高素质农民培育工程纳入省政府重点工作和全省人才助力产业发展行动计划中，逐步建立城乡人才顺畅流动的体制机制，完善城乡融会贯通的社会保障体系，畅通智力、技术、管理下乡的通道，有重点、有方向地引进特色产业高端技术人才，培养一支优秀的开拓型人才队伍，利用科学技术开发出中、高端特色产品，提升产业附加值，满足不同层次的消费者群体。结合农村科技特派员活动，培养一批田间地头农业推广专家，着力打造有情怀、有思路、有知识和有技术的"新农人"典范。

（5）推进标准化生产，建立健全产品质量追溯体系

借助河北省农业综合标准化示范区（县）建设，在特色产业优势产区规模开展标准化生产创建活动，示范特色农产品质量全面提升和效益提高。认真做好科技信息和标准情报工作，及时了解、准确跟踪国际农业标准化的发展态势，借鉴国际标准、国外先进标准的先进性和广泛适用性，从生产等环节入手，通过环境控制、销售过程控制等手段，结合国家级别标准，根据河北省实际完善和健全标准体系，加快推广应用。完善产地环境、投入品、生产过程及产品分等分级等标准，尽快制定和完善生产技术规程。大力推广生态栽培技术，推进病虫害统防统治，形成质量安全管理长效机制，健全投入品管理、生产档案、产品检测、基地准出等制度。结合生产、加工、销售、消费、监管、检测各层面完善特色农产品质量追溯联动机制。充分利用已建成的河北省农产品质量安全追溯信息平台，各县市根据属地管理职责建立产品质量安全追溯信息分中心（站），全面实现生产档案可查询、流向可追踪、产品可召回、责任可界定。按照"统一标准、分工协作、资源共享"的原则，统一质量安全信息采集指标、统一产品与产地编码规则、统一传输格式、统一接口规范，完善并督促落实生产档案、包装标识、索证索票、购销台账、信息传送与查询等管理制度，实现生产、加工、流通各环节有效衔接。

（6）延伸产业链，促进三产融合

进一步加强对重点特色项目的推进，加大引导培育新型经营主体，全方位支持有发展需要的龙头企业，在打造农产品加工产业集群和延伸产业链方面，加快构建与农业、种养业经营规模相适应的产品加工体系；充分发挥当地特色农业产业、文旅产业等资源禀赋优势，拓宽新兴产业融合发展渠道，将食品、养生、文旅、能源等产业紧密结合在一起。利用当地村镇的特色资源优势，全面打造"一村一品"，创新乡村旅游产品和旅游项目，在绿色文旅和养老小镇等方面精准发力，提高游客的体验感。在弘扬特色产业文化方面，突出当地特色传统文化，借鉴其他成功地区的经验，如融入农耕文化，进一步促进特色产业深入人心。结合健康、饮食文化，创新多业态综合发展新模式，打造绿色文旅品牌，提高产业知名度，增加客户黏性。通过全域旅游、绿色农庄等新型乡村旅游业态，"做大一产、做强二产、做优三产"的总体思路，抓好一产、三产，突出推动二产发展，推动农业产业链"链长制"机制创新，实现一二三产业的同步融合和深度融合。以中药材产业为例，随着"健康中国"已经成为国家战略之一，人们健康保健意识也日益增强，可进一步发展食药同源类药材，提高产品加工利用率，制作出既多样化又个性化还具备功能性的健康食品，拓展中药材产业链，还可进一步利用药材资源丰富和日益健全的全国药品销售网络优势，全力打造药材种植、研发、加工、销售、文化、旅游全产业链，进一步实现三产有效融合。

（7）健全公共服务体系，完善流通机制

第一，加强农机安全监理体系及农机社会化服务体系建设，大力培育发展经营性农业服务组织，鼓励供销、邮政、农业服务公司、农民合作社和行业协会等开展代耕代种代收、统防统治、烘干储藏等社会化和专业化服务，建立新型乡村助农服务示范体系，形成农业社会化服务集群平台。加快发展"一站式"农业生产性服务业，建设一批县域助农服务综合平台、镇村助农服务中心及农机社会化服务组织。第二，结合实际对农产品物流节点设置开展深入调研，综合考虑地理、交通、农业产业以及农产品市场等多方面因素，进行差异化布局。实体经济与数字技术深度融合，为传统农产品流通行业升级提供了广阔空间，应抓住机遇，整合现有政策举措，着力提升农产品物流的现代化水平。进而依托现有物流体系，进一步强化物流基础设施建设，按照农产品物流标准化要求，适时建设农产品冷链物流、加工储存、连锁配送以及检验检疫等综合性农产品物流服务中心。强化政府引导作用，创新流通方式和流通业态，深入推进电商和实体流通相结合，完善农产品流通骨干网络，加快构建冷链物流体系，推进各种形式对接直销，着力构建"一圈、两翼、多节点、双通道"的农产品市场骨干网络，做到线上线下互动共推，最终形成点式布局、网状发展、横向协同、贸易互通的空间布局。

7.2 河北省特色产业全产业链发展问题及对策——以杂粮为例

7.2.1 河北省杂粮杂豆产业发展存在问题及原因分析

(1) 管理粗放导致产品产量及质量不稳定

随着我国农业新型经营主体培育力度加大，杂粮的大户经营和规模种植所占比重日益加大，但对于存在的杂粮种植零星、管理粗放、广种薄收等问题仍然没有得到解决。实地调查中有的农民反映一个品种种了几十年没有更换过；杂粮种植只管播种和收获，中间没有田间管理；收不收靠天，长的"俊不俊"看天，好吃不好吃也得看天。粗放的管理成为杂粮产业发展在生产环节的一个重要瓶颈，也是杂粮产量不稳、质量难控、品牌难以形成的重要因素，导致产品市场竞争力不高。

(2) 区域性主导品种不突出

从实地调研情况来看，目前全省各地杂粮生产中仍存在品种多而杂、区域主导品种不突出、部分杂粮作物新品种更新换代过于频繁等问题，导致部分不易接受新事物的农户不愿适应新品种，而对易于接受新事物的农户在频繁的品种更替过程中不断试错，难以形成对特定品种生产经营的熟练技能体系和经验积累。

(3) 机械化程度低和杂粮加工业不发达限制了杂粮的规模经营

一方面相对于生长同季的大宗作物玉米而言，杂粮特别是豆类杂粮机械化程度低，田间管理费工费时，种植收益也比较低，进而造成农户的种植积极性不高和难以规模化发展的问题；二是发展不成熟的杂粮加工业，产品增值有限，价格受市场影响显著，难以稳定，但杂粮作为依赖"市场性"的作物，"小杂粮，大市场"特征明显，农户种植行为"随行就市"，通常情况下不敢盲目扩大生产和增加杂粮生产投资。

(4) 农民组织化程度低，导致产品流通不畅、无序竞争

我国杂粮以中西部地区为主要分布地，其中河北省的杂粮以燕山-太行山山区、山前平原和张承冷凉地区居多，特殊的地理区位特点使得杂粮散户经营较多，规模不大，难以形成集中产业化，原料基地也很难规模化，尤其在某些偏远地区，企业收购难与农户卖粮难现象并存。和产业集中度较高的地区相比，产业集中度较低地区由于农民组织化程度低，杂粮生产技术服务跟不上，产品质量参差不齐，农户市场议价能力低，而使得杂粮种植农户的收益率降低于无形之中，对于其积极性造成严重打击。

(5) 产品加工以初级为主

加工企业位于产业链条的顶端，其加工和产品增值能力一定程度上决定了该产业发展的可持续性以及产业链条上各参与主体的收益稳定性和可持续性。例如对于燕麦的加工，在国内是以初级产品为主要加工品，而在加拿大则已经存在170多个种类的燕麦品，经过深加工其增值能力可提高到原来的125倍。目前河北省乃至全国杂粮主要以初加工为主，将面粉、原粮、粉丝、方便面和挂面作为主要产品，以致形成较弱的产业增值能力。由于技术、工艺设备、专业研发人才、产品研发和科学管理规划等的缺失，导致杂粮的功能成分提取严重缺乏，深加工产品多元化和产业链增值受限，加工企业对产业发展带动能力有限。

(6) 品牌建设滞后

品牌建设是杂粮产业高质量发展的必由之路，虽然河北省目前拥有很多杂粮商标，部分品牌具有一定影响力，但是总体上品牌数量和享誉度不高。从上文相关分析也可看出，目前河北省无论是在地理标志产品登记、还是绿色农产品申请等环节与其他杂粮主产省份，如山西、内蒙古、黑龙江等都存在着非常大的差距，杂粮产品品牌打造和产业发展的品牌建设任重道远。

(7) 产业整体抗风险能力低

从2020年度省内各地杂粮播种及生长期监测情况分析来看，一方面由于全省大部分地区在4月、5月份的持续干旱、生长中后期连续阴雨天气、收获期局部早霜等自然灾害影响，全省各地谷子等杂粮作物减产现象仍然比较明显。由此可见，河北省杂粮生产抵抗自然灾害能力仍然较弱。另一方面，受春节后新冠肺火疫情形势发展及交通管制等影响，2020年度杂粮加工企业出现大面积产品滞销，在公共卫生等突发事件面前，作为杂粮链条很重要的一环的加工企业产品滞销，这对整个产业发展的消极影响同样是显而易见的，凸显了产业链局部环节尤其是销售网络的不健全、不灵活，弱化了整个产业抵抗突发事件风险的能力。

7.2.2　杂粮产业发展对策和建议

收益是否可观直接决定了种植户种植意愿，品种、技术、天气、农资成本、土地成本等对收益影响明显。管理粗放、机械化程度低、农民组织化程度低、抗风险能力弱、品种繁杂、区域性主导产品不突出、产品深加工和品牌建设落后等多方面因素又限制了河北省杂粮产业的收益提升以及进一步可持续发展，本文针对以上问题从以下方面提出相关对策建议。

（1）改善杂粮种植区域的生产条件，提高田间管理水平

河北省杂粮种植地区很大一部分在燕山、太行山丘陵地区，另外，张承地区坝上坝下等区域杂粮种植业较为集中，但这些地区多为地势条件较差的区域，且气候干旱、土壤贫瘠，不利于杂粮生长。因此需要改良土壤措施，可以对其进行秸秆还田、平衡施肥等，从而使耕地粮田的质量得以提高。因此，必须提高对主要杂粮产地建设农田基础设施的重视程度，结合合理轮作，在地势条件好，土质优良的农田扩大杂粮的种植。由于种植面积分散、规模小、大多自发生产等原因导致管理水平较为低下，因此必须从根本上对管理水平进行切实提高，即改善杂粮种植的规模。可以从以下几方面考虑改善措施：第一，做好对基肥、种肥和追肥三个环节的把控，把养分低、时效长、肥效慢的农家肥与养分高、实效短、肥效快的化肥料相结合，通过将二者进行结合补充来为杂粮生长更好地提供养分；第二，对于杂粮的栽培管理，必须从集雨高效生产关键技术、穴播精播技术与农机农艺相结合三方面进行大力推广；第三，对于环境干旱地区，可以对地膜覆盖和滴灌等技术进行推广试行，并加大节水技术的发展。

（2）加强对抗病虫、抗倒伏等综合抗性好的杂粮杂豆品种培育和食用豆类生产配套农机具的研发

相对于大宗作物品种的生产而言，杂粮杂豆类作物生产管理相对粗放，在新品种研发和培育方面受限于科研力量的薄弱，尤其是在技术推广服务供给不足的情况下，杂粮杂豆生长期间因遭受病虫害、大面积倒伏等而导致品质和产量下降的情况也时有发生。另外，食用豆类作物由于相关配套农机具研发滞后，其精简化栽培技术的应用推广举步维艰，对农户食用豆类作物种植行为选择负面效应非常明显。所以，加强杂粮杂豆品种抗性和食用豆类生产配套农机具的研发对河北省杂粮杂豆产业发展非常重要，政府、企业及社会各界都应对此给予关注和支持。

（3）推进经营规模适度化，加大种植经营主体培育力度

在城市化逐步推行和农业现代化进程逐渐推进的背景下，加快转移了大量农村劳动力以及流转了土地经营权。实现规模化种植的必然趋势即是适度经营规模的发展，如此一来可在一定程度上降低土地成本，将产投比效率维持在较高水平。因此，对河北杂粮种植农户应当加强引导，在参考其他种植模式的条件下，扩大种植规模，并优化其经营主体：转变青年人思想，提高政策投入力度，吸引一批高素质、有文化的劳动者，鼓励其在考虑自身条件的情况下，发展规模化种植，并使经营主体更加多样化发展。

（4）加大政府扶持力度，激活杂粮产业发展环境

杂粮作物不仅是一种生态作物，其产品是一种功能、健康食品，而且目前对河北省而言，它还是一种重要的扶贫作物，在河北很多贫困地区"小杂粮支撑起一个大产业"，在带动当地脱贫发展中起到了举足轻重的作用。张家口市宣化区塔儿村乡西庄通过 13 公顷品牌杂粮种植脱贫就是一个很好的例证。基于此，应该在各层级政府积极传播大农业的好处，重塑对杂粮产业发展的认识，树立大农业的思想观念，重视杂粮生产。尽管目前在农业供给侧结构性改革政策实施背景下，河北将杂粮产业作为农业结构调整的重要作物类型，但是很明显缺乏具体操作方面的明确指向，应当结合生产实际将其纳入中低产田改造项目、粮食补贴项目等的范畴，为杂粮产业发展创造一个优良的政策环境条件。具体而言，一是在国家粮食补贴政策基础上，尽快制定针对杂粮主产区杂粮种植优惠政策，提高杂粮种植补贴标准；二是对农业扶贫资金、产业化资金等进行整合以便于杂粮种植区和加工企业的更好发展；三是持续加大支持投入力度，为杂粮产业的科技研发与服务保驾护航。

（5）着力打造区域性杂粮主导品种和品牌，延伸产业链条

组织进行全省杂粮主产区的品种筛查，从品种的地域适应性、产品质量、综合抗性、精简化栽培适宜性、当地农户可接受性等多方面特征特性进行综合考量，依据不同的社会生态经济类型区，每个区域选择 2～3 个主导品种着力进行推广和配套生产集成技术的试验示范和推广，并形成从品种供给、技术服务支持和销售等环节的联动，经过几年的努力和发展打造形成系列区域品牌，带动区域性杂粮产业高质量发展。针对河北省仍然没有从根本上改变杂粮产业链条短、产业链增值空间小、品牌打造困难的局面，应转变传统扩模增量的做法，专注打造精品企业，着力在精深加工和构建多样化的销售网络平台上做文章，使企业真正成为杂粮产业高质量发展的重要引擎。

8 特色产业发展案例

8.1 案例1：定州市特色蔬菜产业发展案例

2020年，定州辛辣蔬菜特色农产品优势区被认定为河北省特色农产品优势区。蔬菜产业作为定州市传统主导农业产业，是推进当地乡村振兴战略的重要切入点。应系统结合定州市蔬菜产业发展现状及定州市特色蔬菜"一县一业"示范区建设，采取积极有效措施，促进蔬菜产业做大做强，真正形成支撑当地农民增收致富的产业。

8.1.1 定州市蔬菜产业发展基础

(1) 资源禀赋较好

土壤条件方面，产地环境土壤监测符合《土壤环境质量标准》二级以上标准的达99%；水利条件方面，定州市水资源总量12 349万吨，年平均降水量为523.6毫米，地表水资源量1 244万吨，地下水资源量15 510万吨，水资源质量监测符合《地表水环境质量标准》Ⅲ类以上标准比重的占98%。另外定州市良好的气候条件和交通条件也为蔬菜种植、加工和销售提供了极为便利的条件。

(2) 农业产业基础良好

定州市蔬菜栽培历史悠久，如辣椒种植始于清末，而蒜黄生产历史可追溯至民国时期，蔬菜产业文化及情感底蕴深厚。目前定州市已形成一定数量、布局合理的大型蔬菜批发市场及菜站，传统技术人才、蔬菜产业经纪人队伍稳定且成一定规模。韭菜、蒜黄、加工辣椒成为传统优势特色品种，2020年，定州市被确定为农业农村部国家特色蔬菜产业体系服务县域经济发展的重点示范县。

(3) 政策、金融支持和科技支撑能力进一步提升

结合农业供给侧结构性改革工作，定州市积极制定《定州市扶持蔬菜产业发展办法》等系列政策支持蔬菜产业发展，同时提供各类财政支持和金融优惠贷款，共撬动低息贷款 2 亿元用于蔬菜产业发展。目前，已发放"政银保"合作贷款达 8 434 万元，惠及全市 92 家农业企业和新型农业经营主体。

2020 实现与国家特色产业技术体系、河北省农林科学院专家团队成功对接，并分别签订了战略合作框架协议和市院合作协议，这为进一步推动蔬菜产业创新发展提供了人才和技术支撑。

8.1.2　定州市特色蔬菜生产基本情况

定州市良好的农业基础和生态环境为蔬菜产业发展提供了有利的条件。目前定州市各乡镇蔬菜播种面积共 28 万亩左右，各乡镇种植面积见图 8-1，年总产量达 125 万吨，其中特色蔬菜种植面积 8.5 万亩，年总产量 30 万吨，产值达 9 亿元。特色蔬菜品类中除芥菜、水生蔬菜外，韭菜、加工辣椒、大蒜、洋葱、大葱均有种植，且成一定规模；近年来生姜在定州市也开始种植，面积 1 000 亩左右，效益良好，有逐步扩大的趋势。

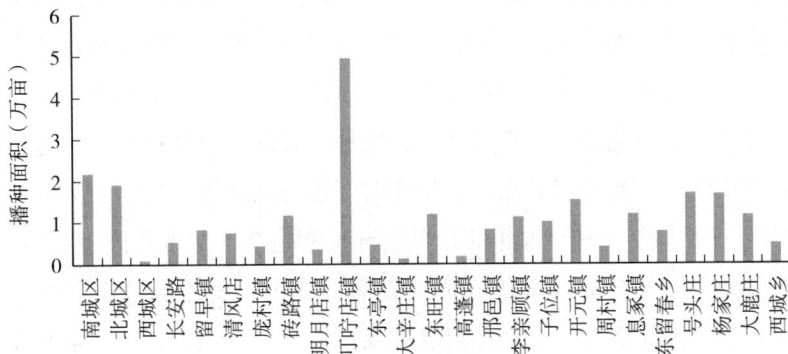

图 8-1　2020 年定州市各乡镇蔬菜种植面积

8.1.2.1　韭菜

定州作为河北省中南部韭菜生产基地之一，韭菜种植历史悠久。种植总面积经年保持在 2 万亩之上，年总产量达 8 万多吨，产值 1.5 亿元以上，主要销往北京、山西、内蒙古、山东及省内等的批发市场，知名注册商标有"丁绿""雪浪石""幸发"等，其中"丁绿"农产品销售专业合作社的丁绿牌韭菜获省级知名品牌。定州市 2020 年启动首届区域公用品牌创建认定行动，支持东关韭菜等创建市级区域公用品牌，以带动区域特色产业发展。定州市韭菜生产有三个优势区：高端设施韭菜种植区、冷棚韭菜种植区、露地韭菜种植区（表 8-1）。韭农经过长期生产实践，种植品种丰富，已实现周年化生产，并且积累了丰富的生产管理经验。近年，定州市引进了棚宝、韭宝、绿宝、航研 998、邯丰 6 号等韭菜新品种 16 个，进行了水培韭菜、盆栽韭菜、等试验，在东关韭菜种植基地，实施了日晒高温覆膜防治韭蛆试验，均取得一定成效。

表 8-1　定州市韭菜种植优势区分布情况

优势区	分布范围
高端设施韭菜种植区	砖路镇、清风店镇等
冷棚韭菜种植区	北城区、西城区、杨家庄乡等
露地韭菜种植区	留早镇、西城乡等

注：冷棚韭菜种植区以韭菜早春促成栽培模式为主。
数据来源：根据调研数据整理

8.1.2.2　蒜黄

蒜黄生产在定州市的历史可以追溯到民国时期，是国内较早的蒜黄基地之一，产地主要分布在杨家庄乡，其中最出名的是具有百年蒜黄种植生产历史的大涨村，目前已将蒜黄生产模式从传统的地窖改为地上温室生产，地上棚室共计 700 个，面积 5 万平方米。相比地窖暖棚，自动控温的遮光棚能延长蒜黄种植时间，提升蒜黄品质，生产时间也已从过去的每年 6 个月延长到 10~11 个月，每年 7 月至次年 5 月可进行正常生产，共可收获 10 茬，每温室年产量达 1.5 万千克，每逢蒜黄生长期，日均收获并运输蒜黄总量超过 2.5 万千克，到高峰期内每天收割量甚至可以达到 10 万千克。蒜黄产业投入低、风险低、效益高，经济效益可观，全年产值在 1.1 亿元以上。

目前该地蒜黄已获得无公害农产品认证，被评为"定州市十大特色食品"，长城网、新华社等媒体先后予以报道，成为杨家庄乡农业产业化建设对外形象的一张名片。定州市也已协助"定州蒜黄"申报地理标志商标，另外定州市鑫久农业机械服务有限公司生产的市级企业领军品牌"司禾鑫久"牌蒜黄已经成功进入北京、天津、上海、武汉等大中城市（表 8-2）。

表 8-2 鑫久农业机械服务有限公司概况

项　　目	内　　容
经营范围	现代化农机具耕、种、收、无人植保、绿色防控、健康绿色农产品生产推广与服务
种植流转土地范围	杨家庄乡大陈村、小陈村、大洼里、小洼里耕地 1 200 亩
蒜黄生产车间规模	2 000 平方米
种植其他蔬菜品种	青蒜、蒜薹、大蒜等
蔬菜品牌	司禾鑫久

注：公司位于定州市杨家庄乡八里店村，注册资金 500 万元，2018 年 9 月，生产的马铃薯、蒜黄、青蒜、蒜薹、大蒜等 5 个产品被河北省农业厅认定为无公害农产品。

数据来源：根据调研数据整理

　　除生产蒜黄外，杨家庄乡、大鹿庄乡等乡镇还种植大蒜，总面积约 6 000 亩，产出的蒜头主要用于当地蒜黄生产，但也有部分乡镇所产大蒜销往山东等地，如庞村镇庞村大蒜种植面积 350 亩左右，主要销往山东寿光。据调查，受疫情影响，定州市 2020 年所产大蒜外销多处于亏损状态。

8.1.2.3　加工辣椒

　　辣椒在定州的种植始于清朝末年，距今有 100 多年的种植历史，现种植面积 3 万亩，品种有定州新一代、三鹰、圣椒等。虽然种植技术随着人员流动未形成连续记载，但仍可追溯近 40 年的历史，尤其是定州新一代品种。定州新一代辣椒的种植历史起源于 1976 年从天津引进的天鹰椒，20 世纪 90 年代经过优株后代选育而成，取名为定州新一代。定州作为定州新一代辣椒的发源地，曾是我国这一品种辣椒最大的生产基地，也是当时最受欢迎的干辣椒品种之一，一度供不应求，甚至在 1996—2006 年辣椒种植高峰期种植面积超过 8 万亩。由于各地气候、温度等生长条件的差异，定州新一代种类也在逐渐增加。尤其是 2000 年以后，河南内黄、临颖等地定州新一代辣椒种植面积增加明显，为保护产地品牌，定州新一代更名为定州椒。

　　定州椒生长抗异能力强，辣味浓、颜色红亮、香气浓郁且椒形好、坐果率高、商品性强，品种优势明显且有稳定的辣椒收购经纪人队伍及加工企业，产业链条完整。目前种植区域主要分布在南城区、大鹿庄乡、杨家庄乡、号头庄乡等乡镇，年产量 4 200 吨，产值在 1.1 亿元以上（图 8-2）。位于大鹿庄乡的河北康乐美辣椒制品有限公司是一家集辣椒收购、储存、加工、销售为一体的辣椒深加工绿色农合企业，产品以辣椒调味料为主。公司采用"公司＋基地＋农户"经营模式，与北京、河北、郑州、四川、陕西等地的多家餐饮企业合作，部分辣椒调味产品远销日韩和东南亚等国家（表8-3）。为合理安排大田茬口，位于号头庄乡的定州市文泽农业科技有限公司种植的1 000余亩辣椒中，有500亩采用朝天椒（由重庆农科院研发的圣椒）与小麦套种模式。另外部分乡镇辣椒销往外地，如庞村镇东丈种植辣椒100余亩，辣椒销往望都县。

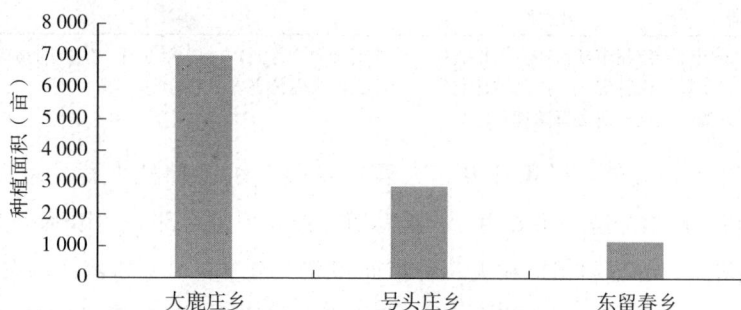

图8-2 定州市部分乡镇辣椒种植面积

表8-3 河北康乐美辣椒制品有限公司概况

项目	内　容
主要产品	辣椒酱、辣椒酥、干辣椒、辣椒圈、辣椒丝、辣椒段、蘸料、辣椒面等
品牌	中式辣味、椒城人家
主要客户	海底捞、呷哺呷哺、常春藤、翠宏食品等

注：公司位于定州市大鹿庄乡伯堡村，注册资金500万元。
数据来源：根据调研数据整理

8.1.2.4　其他特色蔬菜

洋葱、大葱在定州种植面积均在1万亩以上，生姜种植积在1 000亩左右（表8-4）。

表8-4 定州市其他特色蔬菜种植基本情况

品类	面积	主要种植区域
洋葱	1.5万亩	杨家庄乡、叮咛店镇、号头庄乡
大葱	1万亩	南城区、叮咛店镇、西城乡
生姜	0.1万亩	开元镇、明月店镇、西城乡

注：大蒜种植情况见相关介绍。
数据来源：根据调研数据整理

洋葱在定州种植历史也较为悠久，是国内洋葱种植面积较多的地方，种植品种有太空紫硕、改良红玉、紫骄1号和2号等（部分品种由邯郸蔬菜所研发提供，从目前调研来看，品种有向高圆类型紫皮洋葱发展的倾向），种植总面积在1.5万亩左右，年均总产量达5万吨，生产总值0.5亿元。当地种植洋葱的时间集中在白露前后，在四月中下旬完成洋葱定植。杨家庄乡有专门的洋葱交易市场，涉及洋葱产品销售、储存等业务。大葱种植面积在1万亩左右，年产量2.5万吨，产值0.25亿元，产品主要销往周边县市。

定州市生姜种植面积虽规模不算大，但近年有增长的趋势。以开元镇为例，位于该镇高油村的定州市详茂农产品农民专业合作社致力打造绿色无公害的蔬菜品牌，2014年从山东引进生姜种植技术，投资400余万元在高油村东种植生姜230亩，2017年投资130万元建成可以储存500亩生姜的保鲜地窖。经过7年的生姜种植，2019年实现年产值500余万元，利润102万元，2020年在此基础上仍有所增长。合作社在自身发展的基础上还为有意种植生姜的农户提供姜种和免费技术服务，并和农户鉴定购销合同，解决后顾之忧，以此逐步形成"合作社＋农户"的经营模式，这在一定程度上带动了周边乡镇部分村的生姜产业，到2020年，种植规模预计超过500亩。除此之外，西城乡、明月店等乡镇近年也有更多种植户投入生姜试种，并有扩大规模的趋势。

8.1.2.5 周边区域水生蔬菜生产情况

虽然定州市没有成规模的水生蔬菜种植基地，但距离定州市仅30公里、由京石高速直达的保定市望都县有规模化水生蔬菜种植基地，面积1 000亩，之前莲藕产业效益好时曾达5 000亩，目前优质鲜藕年产量0.2万吨，产值近0.1亿元。种植模式为铺设土工膜浅水种植，品种为雪莲。浅水莲藕是望都县2013年改变传统莲藕种植模式，新兴发展的特色农产品，可比小麦、玉米等粮食作物种植节约用水1/3左右，是农业增效、农民增收的一条重要途径。当地政府部门非常重视水生蔬菜产业的发展，对承租水生蔬菜种植基地的农业公司给予土地流转金、贷款等优惠扶持；2019年当地加工企业组建莲藕深加工生产线，研发生产藕汁果蔬饮料、鲜切藕片等产品。

另外，距离定州市70公里的雄安新区具有得天独厚的适宜水生蔬菜生产的自然环境条件。境内有白洋淀，366平方公里的淀水水域中的40%都可以栽培生产水生蔬菜。目前根据水域深度情况分别生长芦苇、野生菖蒲、水稻以及不同品种莲藕,莲藕主要品种有野生红莲(本地地方品种)、人工种植白莲藕以及花莲(主要以售卖藕种为主),其中野生莲藕面积最大。同时白洋淀水域内旅游资源丰富,旅游业产值可观,这也为当地借助水生蔬菜产业促进一二三产业融合发展提供了良好的契机(表8-5)。

表8-5 白洋淀水域种植概况

面积	水深度	品种
12万亩	1.5~2米	芦苇、野生菖蒲
5万亩	0.5~1.5米	野生红莲
0.8万~2.5万亩	0.5~1.5米	人工种植白莲藕
0.05万亩	0.5~1.5米	花莲
2万亩	低于0.5米	水稻

注:1. 白莲藕的种植面积受市场价格影响,近5年种植面积在0.8万~2.5万亩之间波动。2. 野生莲藕年产值在3亿元以上;花莲年产值1 700万元左右;白莲藕平均亩产量稳定在1.3~1.7吨。
数据来源:根据调研数据整理

8.1.3　定州市其他蔬菜生产基本情况

8.1.3.1　其他主要蔬菜品种基本情况

除以上特色蔬菜外,定州市其他蔬菜品种繁多,包括大白菜、花椰菜(花菜)、莴笋、甘蓝、菠菜、西葫芦和甜椒等。其中大白菜在定州的种植面积较大,面积常年在3万亩以上。杨家庄乡、大鹿庄乡、息冢镇、南城区、清风店镇、东留春乡均有一定种植规模,其中杨家庄乡、息冢镇、南城区种植面积均在5 000亩左右,除此之外,定州市其他每个乡镇也有一定数量的种植,均在500亩以上。另外。当地有种植阳春大白菜的传统,依托定深路蔬菜批发市场,周边菜农大力发展省工省力、生长期短的阳春白菜生产,效益良好。如位于西城乡的谢家庄农产品专业合作社瞄准市场需求,引进产量高、品质优,适销对路的黄心阳春白菜新品种,在农技人员的指导下,采用地膜覆盖栽培,亩产高达6 000多千克,近年平均亩效益高达5 000多元,纯效益达3 000元。莴笋和其他蔬菜相比,在定州当地属较为新兴的蔬菜品种,主要种植在南城区,面积4 500亩左右。因为莴笋生长周期较短,收益快,所以当地菜农种植意愿比较强。目前,很大一部分原先种番茄或辣椒的农户改种莴笋,莴笋的种植规模也扩大了许多。甘蓝种植区域主要集中在留早镇和号头庄乡,规模在10 000亩左右,主要品种为中甘系列、绿美、铁头、春玉等，当地甘蓝供应期长、供应量大，颜色鲜绿光亮、结球紧凑、口感好，具有极高和营养价值和商品价值，耐运输，市场销售极为乐观，是各大蔬菜销售市场的畅销品种，种植基地内配套设施较为完善，已初步形成预冷、清洗、包装、运输等一条龙服务。

8.1.3.2　典型蔬菜企业、合作社介绍

近些年来，定州市蔬菜产业通过加强基地设施建设、提升种植管理技术水平，打造了一定数量规模大、效益好的蔬菜生产龙头企业和产业基地，增加了优质蔬菜覆盖率。目前以丁绿、一田、鑫久、祥丰、农博等农业经营主体为重点，在推广特色蔬菜的同时，兼顾其他品类蔬菜的发展，引导合作社、家庭农场规模化、标准化种植，在一定程度上带动了当地蔬菜产业发展，为定州市蔬菜产业提档升级，增强综合竞争力打下了一定的基础（表 8-6、表 8-7、表 8-8）。

表 8-6　祥丰农产品有限公司概况

项　　目	内　　容
经营理念	发展循环经济，生产无公害蔬菜，倾力打造河北省乃至全国规模化无公害蔬菜园区
种植蔬菜品种	韭菜、香椿、茄子、黄瓜、番茄、甜椒、丝瓜、芦笋、芥菜、苤蓝、菜花等
蔬菜品牌	雪浪石

注：公司位于定州市清风店镇西市邑村，注册资金 1 000 万元，2016 年被列入河北省农业产业化重点项目建设。

数据来源：根据调研数据整理

表 8-7　西城乡主要蔬菜企业、合作社有限概况

名　　称	概　　况
定州市农博种植有限公司	公司位于定州市西城乡东湖村，注册资金 1 000 万元，主要经营谷物、瓜果、蔬菜、苗木、农业机械租赁等，种植蔬菜品种主要有西兰花、娃娃菜、球生菜、马铃薯、番茄、香葱、甘蓝等。
鲜洁农业科技有限公司	公司位于定州市西城乡东湖村，注册资金 3 000 万元，主要从事西兰花、娃娃菜、马铃薯等 30 多个优质蔬菜和沙拉菜产品的中央厨房净菜鲜切项目，采用"公司＋基地＋农户"生产经营方式，与北京、天津、石家庄等地十几家企业创建了长期供销合作协议，产品直销海底捞、壹捞等知名餐饮连锁店。
解家庄农产品合作社	合作社位于定州市西城乡解家庄村，主要经营谷物、瓜果、蔬菜、苗木等；种植蔬菜品种主要有大白菜、西兰花等。

注：西城乡有悠久的蔬菜种植历史，结合本地蔬菜鲜切等项目，目前以本地自销为主。

数据来源：根据调研数据整理

表 8-8 丁绿农产品销售专业合作社概况

项　目	内　容
经营范围	以砖路镇丁村、张家庄、北宋三个村为基地，经营蔬菜、草莓、松花蛋、咸鸭蛋等，集生产、加工、销售于一体，其中种植蔬菜 500 亩。
种植蔬菜品种	韭菜、番茄、黄瓜、茄子等
蔬菜品牌	丁绿

注：合作社位于定州市砖路镇丁村。

数据来源：根据调研数据整理

8.1.4　定州市特色蔬菜产业发展中存在的问题及制约因素

(1) 发展规模较小、品牌影响力有限

虽然定州市蔬菜种植总体规模仍然较大，但受资金、土地、劳动力等多方面原因的限制，加之受苗木产业发展影响，蔬菜播种面积近年出现持续小幅下滑，并且各类蔬菜生产规模相对较小，增长较慢，集中连片种植面积小，如砖路镇丁绿合作社，韭菜产品常年市场供不应求，但近年来种植规模未能明显增加，仍然不足 500 亩；虽然区域产品门类多，但优质高端产品少，虽有"司禾鑫久""丁绿"等系列蔬菜品牌，但尚没有形成区域性标志性产品和知名品牌；蔬菜产业没有形成集中化、规模化、组织化生产，大多是以农户单独经营为主，生产出来的蔬菜直接对接市场，没有统一的技术支持，产品没有得到充分的检查，质量不容易得到保障，这些都在很大程度上制约了特色蔬菜产业的发展。

(2) 设施生产能力偏低、科技投入有待提升

受资金、技术等因素限制，定州市高标准设施蔬菜面积所占比重偏小，尤其是高标准节能型日光温室占比更低。之前建设的日光温室土地利用率较低，部分采光保温不适宜定州的气候条件，此外，基础设施不完备，不能更好地抵御各种灾害，温室内面积不够大，可操作空间不足，阻碍了机械化生产。另外，对设备改造的支持力度也不足。目前，定州蔬菜产业在生产过程中机械化、现代化程度低，仍需要大量人工，成本很高，机械化生产比人工生产速度快效率高，机械化生产不普及，大大影响了工作效率。除此之外，蔬菜生产是一种受控农业，因此管理技术对蔬菜产业的影响所占比重很大。

目前定州市蔬菜生产专业技术人员较为缺乏,发展与技术存在脱节现象,这也在很大程度上制约了当地蔬菜产业发展。

(3) 支持产业创新能力不足

受长期形成的传统种植观念影响,部分蔬菜种植户存在思想保守落后、科技意识及市场意识不强、怕担风险等现象;农民家庭收入渠道少,家底薄,资金积累不足,后劲乏力;连接农户和市场的渠道少,农户顾虑较多;农民没有经过足够的科技培训,文化素养较低,对于现代化农业技术、智能化一体化生产、农事操作机械化、管理营销互联网等省工省力的新技术引进开发支持不够,吸引知识青年加入菜农队伍的力度不够。

(4) 产品附加值较低、缺失龙头企业带动

部分企业具备无公害蔬菜生产甚至绿色蔬菜生产能力,如杨家庄乡"司禾鑫久"蒜黄、砖路镇"丁绿"韭菜,尽管如此,还是有很多地区蔬菜生产质量有问题,加之有些农民没有形成绿色生产的意识,使得一些蔬菜的品质较低。区域内没有形成较为完善、规模比较大的龙头企业,品牌效应低,产品加工环节技术受限,辐射带动力不强,如杨家庄乡康乐美辣椒制品有限公司,虽然具有一定的规模,辣椒制品丰富,初具品牌效应,有一定的市场影响力,但带动效应仍有待进一步增强。定州市蔬菜产业整体加工链条短,如位于西城乡的鲜洁农业蔬菜鲜切等加工项目年产值上亿元,但还应不断增加产业规模,促进加工业的业务范围扩大,形成龙头企业,成为其他企业的领头羊。除此之外,定州蔬菜产业整体收益不高的原因还有人才流失严重,工资福利少,工作环境较差,不能很好地留住和招揽人才。而且,由于现代化程度低,互联网等大数据平台发展缓慢,信息流通较慢,产品信息无法得到及时交换,不能及时掌握产品质量、储运等情况,影响了合作社的快速发展。

8.1.5 特色蔬菜产业发展方向及措施

(1) 强化特色优势产区建设,提升蔬菜产业规模

第一,加强对蔬菜产区的布局优化,要在原有的政策环境、产业现状以及发展需求等基础上,完善蔬菜区域布局,使其在"一乡一业""一村一品"的政策环境下,有计划地向前发展,形成核心竞争力比较突出、特色比较鲜明的优势示范区域。以大鹿庄乡为重点，以发展加工型辣椒品种为主，重点建设大鹿庄乡、东亭镇、号头庄乡、杨家庄乡4大辣椒核心示范区。在砖路镇、西城区、留早镇、北城区等4个核心示范区，重点发展绿色韭菜、盆栽韭菜、韭黄、薹韭等。以西城乡东湖村为核心示范区，发展西兰花、生菜、娃娃菜等特色订单蔬菜。重点建设大涨村大蒜及蒜黄、东亭菊苣、高油村生姜、杨家庄南角羊洋葱等蔬菜产区。

第二，促进蔬菜产区规模化、机械化生产。大力推动特色优势产区的建设工作，注重优势产区的带动作用，完善蔬菜产区产业链，促进蔬菜规模化发展。结合标准化栽培技术推广、现代化农机农艺结合的推广，提升品牌知名度，完善利益链接机制等手段，促进韭菜、蒜黄等蔬菜产区产业规模扩大，综合效益提升。此外，在原有发展基础上，加强品种创新，调节品种结构，促进基础设施的完善，加强高端设备的使用，大力加强特色农业园区的建设，结合"一县一业"的发展，加快蔬菜产业的现代化进程，使产业发展更加智能化，提高蔬菜产品品质，促进品牌效应形成。同时注重结合农耕文化、旅游产品等，促进一二三产融合发展。

(2) 完善农技推广服务体系，加大科技、人才支撑力度

第一，与高校和科研院所进行合作，为定州特色蔬菜产业提供人才储备以及技术支持。定州离首都北京较近，地理位置比较优越，有利于与中国农业大学、中国农科院以及河北农大等一些农业高校以及科研院所进行合作。此外，以2000年定州市人民政府与国家特菜产业技术服务体系签订的战略合作框架协议为依托，配合"一县一业"的建设，促进定州蔬菜产业向高端市场进军，使其成为北方地区知名度较高的特色示范区与蔬菜供应基地。

第二，加强对人才的培养，提高人才的专业素养。要建立一套完善的培训体系，使培训涵盖从生产到加工再到销售的各个环节。首先，加强农户的技术培训，使其适应现代化的栽种技术，加强蔬菜种植知识的培训指导，帮助农户解决生产技术上遇到的问题；其次，要加强对新型农业经营主体的支持鼓励，促进其形成自己的专业种植团队，发挥新型职业农民在产区建设、市场推广、产区管理以及技术宣传方面的积极作用；加强对工人的培训指导，使其更好地适应现代化作业，加强工人在采摘、包装等方面的技能，促进蔬菜产业发展的现代化进程。

第三，积极推动现代化农业发展，促进无土栽培、水肥一体化、钢架大棚设施栽培和物联网应用等农业尖端技术的应用。推广双拱双膜钢架大棚和标准化单体钢架大棚，强化其避雨、遮阳、降温、保温、增温、通风、防虫的各项功能，推广早春、越夏、秋延、越冬蔬菜栽培技术，确保一年四季能够安全种植和全年供应蔬菜。此外，积极引入、推广新品种，加强优良品种的培育。

(3) 加强对专业合作社、龙头企业的扶持

第一，加大对龙头企业的培养力度，使其具有较强的市场竞争力，形成品牌效应，保障产品质量，注重其带动引领作用，并以此来促进产业发展进步，促进产业规模化、现代化发展。加大对龙头企业的支持力度，采取"返租倒包"的形式，使农户手中的土地经营权转向企业，完成对土地的统一规划，促进产业集中化、规模化生产。此外，促进企业在产区建立产业基地，促进企业从生产到加工再到销售的各个环节的完善。

第二，积极推广"返租倒包"模式，完成土地经营权合法地向合作社、种植大户等农业主体的转移，促进蔬菜产业的规模化生产。市场主体分别发挥自己的优势，积极建立专用合作社，促进市场主体间的合作，建立蔬菜专业合作组织。提高产业组织化进程。不断健全合作社运行体制，促进专业合作社进一步发展，增强其市场竞争力、号召力与吸引力等。

(4) 发展订单蔬菜，加强质量安全体系建设

壮大规范蔬菜合作社，充分发挥蔬菜经纪人的作用，鼓励能人跑市场。采取"合作社+农户"的模式，发展辣椒、洋葱等订单蔬菜。同时，强化质量安全检测体系建设，提升蔬菜品质，打响定州市的蔬菜品牌。进一步把统一技术标准、统一质量要求作为解决质量问题的关键。促进质量检测体系的建立完善，使产品检测涵盖从生产到销售之间的各个环节，对产品进行严格检查，把控好市场准入环节。建立健全质量追溯体系，使产品从生产到进入市场都能得到及时的监督反馈。在企业及合作社建立完善的制度，包括建立档案，生产地、销售地的准出准入制度以及产品标识等，做到产品流通有迹可循，此外，促进市场和生产基地、生产企业和加工企业以及产销地的合作对接，大力推进绿色蔬菜产业的发展。

8.2 案例2：尚义县特色农业扶贫

尚义县土地资源丰富、气候条件适宜，立足资源基础，积极发掘资源优势，结合当地特色产业全力打造了特色种养、光伏电站、全域旅游三大扶贫产业，并积极探索各产业间协调融合发展，为顺利脱贫起到了关键作用。

8.2.1 尚义县产业扶贫成效

(1) 组织健全，积极推进扶贫工作

尚义县成立以县长为组长的产业扶贫领导小组，由分管县领导牵头成立产业扶贫、就业扶贫、金融扶贫、旅游扶贫等18个专项工作组，在农牧局设办公室并成立相应的组织机构，加强对产业扶贫工作的领导和推进。与此同时，根据当地实际出台了各项扶贫规划和具体工作计划，在对产业扶贫工作进行指导的同时，下大力度督促相关政策文件的落实和推行。

(2) 产业选择凸显资源优势，布局日趋合理

尚义县结合自身资源优势积极发展特色种养产业，按照宜种则种、宜养则养的原则，重点发展了枸杞、中药材、蔬菜、燕麦、草莓、西瓜等特色种植业，培育了肉鸡、河虾等特色养殖业；在此基础上，围绕草原天路以及赛羊、冰雪两大旅游品牌，以"景区带村"模式发展乡村旅游产业，打造魅力乡村，辐射带动贫困人口增收；除此之外，按照集中式、分布式和村级光伏扶贫电站统筹推进的原则，全力建设光伏发电产业，实现了贫困村光伏扶贫产业全覆盖。

(3) 分类施策，建立了多元化连贫带贫机制

首先，尚义县将贫困人口按照是否有劳动能力等因素进行分类，针对具有一定劳动能力但技能不足的人群，加大职业技能培训，以对接特色种养、家庭手工业等扶贫项目，通过激发贫困群体内生动力使产业扶贫实现可持续发展。以2018年为例，尚义县对全县89个贫困村里具有劳动能力、有致富意愿或具有一定技能基础的贫困人口进行了合理筛选，建立了档案并有针对性地结合种养、乡村旅游产业积极组织培训。对于劳动能力较差、没有稳定

经济来源的贫困人口和可有效利用资源不足的贫困村，按照年收益率不低于
7％安排资产收益类项目，资产收益纳入村集体统筹管理，通过安排贫困人
口到村集体保洁、治安等公益岗位工作来获取个人收入。针对完全无劳动能
力的人口或者因病致贫的家庭，则通过村民代表民主决议设立临时救助金，
将部分村统筹的扶贫资金入股收益反哺于贫困人口。以上措施成效显著，
2018年，尚义县贫困发生率降低到8.4％，较上年降低11.04个百分点，至
2019年，贫困发生率降至1％以下，2020年实现全部脱贫。

（4）全产业链打造，提升了产业带贫效果

尚义县集中捆绑资金，围绕优势产业，扶持昌平万德园农业科技、广东
金津果业、青岛浩丰、义安蔬菜、天安农业、邯郸摩罗丹药业、唐山金庆养
殖等18家龙头企业，辐射40个产业基地，在解决产业发展缺乏龙头带动的
基础上，积极探索"产业-市场-龙头-基地-农户"等利益联结模式，使贫困
人口增收得到保障。例如，以芳草地牧业公司为龙头的白羽肉鸡产业，通过
全产业链建设，带动18个贫困村的2 026户贫困户，户均增收1 000元。以
谷之禅有限公司为龙头的燕麦产业扶贫项目，积极引导贫困人口参与有机燕
麦生产基地建设，实现带动1 000余贫困人口年均增收600元以上，村统筹
的合作资金收益受益贫困户3 379户，6 148人，人均增收313元。依托大
杞红、富尚等龙头企业构建的产加游一体的枸杞产业，通过"三金"模式，
辐射带动12个贫困村的2 264户贫困户平均增收2 700元。昌平—尚义现代
农业示范园区建设项目，仅资产收益一项带动坝下4个乡镇的2 982户贫困
户平均增收610元。

8.2.2　特色产业扶贫问题与分析

（1）自然资源条件差，削弱了产业发展潜力

一是尚义位于坝上高寒区、风大沙多，气候条件存在不足。干旱霜冻等
自然灾害频发也是影响产业发展的制约因素，如近年来谷之婵"联合体"辐
射会员燕麦种植面积近2万亩，在2018年有3 000亩受灾。二是尚义县承
担着京津水源地保护、风沙源治理、建设生态涵养区等重要政治任务，生态
保护任务十分艰巨，倒逼部分产业退出。如2019年尚义县针对地下水超采
的实际，计划关停机井700眼，退减蔬菜等高耗水作物5万亩。

（2）特色主导产业优势不明显，带贫能力有待提高

以特色种养业为主导的扶贫产业虽初具规模，但大部分发展较慢，总体规模不大，布局较为分散，优势不明显。在引进和培强企业方面尽管做了很多工作，但总体上产品下游企业数量偏少，且大多集中在种养环节，产业整体层次有限，品牌影响力较差、缺乏市场竞争实力，抵抗风险能力不足，增值空间有限，这些均在一定程度上削弱了其扶贫带动效果。

（3）扶贫产业融合不足，利益联结机制有待完善

目前尚义县各类扶贫产业项目的设立和开发过程中均缺乏整体统筹和协调，各扶贫产业之间的关联性弱，基本都是在"单兵作战"，没有形成主辅相连的农业产业体系。多数扶贫项目以资金合作或资产收益方式实施，合作企业直接将收益或租金交由村集体统筹管理，村集体再通过公益岗设置来反哺贫困户，缺乏产业与贫困户共同发展的联动机制。在调研中发现，村集体按照企业需求建设固定厂房和设备出租的形式更容易为农民所接受，而直接将扶贫资金注入企业，尤其是乡（镇）域以外的企业，农民认为"看不见、摸不着"，对其可持续性心存顾虑。

（4）产业项目资金支出进度缓慢

以2018年为例，2018年尚义县农牧局牵头整合涉农资金5 712.37万元，当年实际支出4 242.5万，平均支出进度为74.27%。主要是投资类项目支出进度滞后，2018年投资药材种植、獭兔养殖、蔬菜加工等产业项目共计1 796.87万元，当年实际支出345万，平均支出进度仅为19.2%。

（5）扶贫产业弱质性特征明显，风险保障机制不健全

特色种养业是拉动尚义地方经济发展和脱贫带贫的重要引擎，而特色种养业易受自然灾害、疾病等影响，从而表现出产业本身固有的弱质性，我国农业政策型保险在小宗作物领域覆盖面非常窄，而目前从县级层面对产业风险保障所采取的措施更多集中在各种渠道的技术支持和培训服务上，这种保障措施在应急性风险规避方面的作用往往很有限。

8.2.3 提升产业质量的建议

（1）产业间统筹与优势主导产业培强兼顾

结合区域资源优势、产业基础和群众意愿，实施特色产业提升工程，坚持"一业为主，兼顾多业"的思路，选择具备一定实力、有发展前景的特色产业重点培强，充分发挥其产业优势，形成扶贫主导产业，协同推进关联辅助产业的发展。在选育主导产业过程中，要充分考虑"两区"建设、地下水压采政策，科学调减蔬菜和薯类种植面积，结合尚义燕麦产业种植传统和节水抗旱的优势，大力发展燕麦产业，实现产业提质增效，充分利用京津冀协同发展及举办冬奥会等机遇，实现多产业、多业态融合发展，提升特色扶贫产业广度和深度。

(2) 推进全产业链发展，促进产业融合

目前尚义县各扶贫产业全产业链建设项目尚处于起步阶段，结合对专业合作社、龙头企业、种养大户、家庭农场等新型经营主体的壮大培育，从种植、养殖、加工等多个环节实现产业链的有效延伸，尤其是针对龙头企业，通过市场和政策双重引导，使其在加工、销售等领域加大投入，发展全产业链项目，充分发挥市场引领作用。同时注重关联产业之间互动，加强特色种植、养殖、旅游等产业间互动。一是支持和扶持种养产业之间的协作与联合，推进"种养结合循环发展"模式；二是依托尚义区位优势，推动产加游之间的高度融合。枸杞产业和燕麦产业在这方面已经跨出了第一步，在融合机制和各相关利益群体利益联结机制建构方面尚需进一步创新。

(3) 强化引领主体与贫困户之间联动的利益联结机制建设

逐渐改变目前引领主体和贫困户之间通过扶贫资金入股和股金分红为主的联结方式，打破目前贫困户在扶贫产业发展中被动、消极参与的局面。积极引导合作社、种养大户等各类经营主体结合土地流转、订单农业等多种形式带动贫困户，形成有效的利益联结机制，使经营主体自身发展能力获得提升和贫困群体收入增长。由经营主体整体规划或流转土地，提供种苗、技术，生产环节实行分户承包管理，产品对贫困户差价回收，统一进行加工、销售等，而不是流转土地后坐等分钱分物。

(4) 积极引导，激发贫困群体脱贫内生动力

通过农民夜校、农村"大喇叭"等各类百姓乐于接受的方式积极开展宣传，引导贫困群体摈弃惰性，在思想上提升对劳动脱贫、科技致富等观念的认知，增强脱贫致富的主观能动性。同时长效的扶贫机制需要技术、技能、管理等作为支撑，积极组织开展各种形式灵活的技术引领、技能培训，最终实现贫困群众自身致富能力的提升，从而稳定脱贫、可持续发展。

（5）确保资金支出进度和成效，完善产业风险保障

建立项目库，并根据项目特点，综合考虑坝上施工期短、招投标程序复杂等因素，项目推进做到"前置前紧"，做好前期准备工作，实现由"资金等项目"向"项目等资金"转变，避免出现资金滞留情况。另外注重引育结合，组建和完善稳定的农业专业技术团队，鼓励其进入生产一线，了解农户需求，积极向贫困户传达各类相关政策、产业信息、市场行情、技术动态等，以引导农户积极获取信息资源，尽量规避各类风险。二是将燕麦等优势特色作物种植纳入政策性保险范畴，通过生产过程的灾害性损失补偿和目标价格导向的市场风险补偿来减少生产者的收益损失。三是根据"两区建设"和坝上地区"地下水压采项目"推进进程，提前做好产业规划和布局调整，最大程度保障生产者收益水平。

8.2.4　燕麦产业扶贫案例

尚义燕麦特色农产品优势区为河北省首批特色农产品优势区之一。该县在产业扶贫发展战略中，依托传统燕麦特色产业优势，将其转化为带动当地人脱贫增收的新动能，积极探索出"燕麦产业联合体"等扶贫模式并取得良好成效。

（1）燕麦产业扶贫成效

第一，推进了燕麦产业向绿色、有机生产方向的转型。尚义县位于张家口坝上地区，燕麦种植传统延续至今，常年种植面积占全县耕地面积六分之一以上。当地冷凉的气候条件、充足的光照、优越的空气质量和水环境，形成病虫害和农业污染的天然屏障，是生产绿色、有机燕麦的天然宝地。2013年，该县引进谷之婵有限公司，目前公司已认证并建设有机燕麦基地近2万亩。2019年开始由于地下水压采项目实施，蔬菜、马铃薯等高耗水型作物生产面临大幅度调减，全县燕麦播种面积增至15万亩左右。目前，业已整合流转的3万亩调减地块开始进行为期3年的有机燕麦生产基地的转换，为当地燕麦生产的转型升级和促农增收夯实了基础。

第二，促进了燕麦标准化生产发展和农户收益空间提升。尚义县燕麦产业在谷之禅公司的引领下，整合与燕麦产业链相关联的系列新型经营主体组建的"产业化联合体"至今已辐射燕麦种植面积 2 万亩,带动超 1 100 户农户增收,其中贫困人口 1 200 余人。联合体管理严格、运营规范,通过和种植户签订订单并高于市场价格收购,使种植户利益得以保障。2019 年,谷之婵还推出了一种生产托管式"田间工厂"生产模式和"保底收益＋超收分成"收益分配模式,比如在石井乡石门沟,谷之婵有限公司以 85 千克/亩为目标产量,委托种植能手对有机燕麦基地进行管理,其间托管者只负责机械和人工投入,目标产量以下托管者按照 135 元/亩赚取谷之婵公司的工酬,目标产量之上部分托管者和公司之间实行五五收益分成。据当地一个千亩基地托管人估算,其年纯收益至少在 10 万元以上。

第三,建立了相对完善的连贫带贫增收的模式与机制。以"全产业链带动"和"点对点扶助"相结合为指导原则,充分利用燕麦产业提档升级的契机,尚义县通过政府与谷之婵有限公司的资金合作项目,通过扶农公司以入股方式投入扶贫资金 3 000 万元。一方面,谷之婵有限公司新建了两个就业扶贫车间,同时借力"谷之婵燕麦产业化联合体"会员"以大带小""以强带弱"的方式,带动近 8 000 名贫困人口实现稳定增收。另一方面,谷之婵有限公司以履行企业社会责任为担当,从销售的主营产品中,提取扶贫基金,设立"产业扶贫基金",用于到 2020 年所辐射的贫困户脱贫出列之后政府扶贫政策体系之外的资金增量保障,2018 年已提取基金 10 万元。至此,尚义县形成了分别以政府推动和企业社会责任担当为助力的燕麦产业扶贫和公益性扶贫并存的格局,调查样本贫困户对产业扶贫项目实施情况满意度达 100％。

第四,进一步实现了产业融合发展。目前,谷之婵公司主要生产饮品、主食、西点等五大类燕麦产品,其中以"谷为纤"为商标的燕麦饮品系列产品以线上、线下等多种途径销往全国各地;以"谷食堂"为商标的燕麦主食已实现直营店、健康体验中心、加盟店联合销售,2019 年预计在全国范围打造出遍布东部各主要省区的 500 余家加盟店、加盟专柜等,实现在重点城市大卖场主市区专柜覆盖率 80％以上。同时,依托新成立的河北迈康旅游开发有限公司,加大"我在坝上有亩田"的会员推广,将燕麦有机种植基地、工厂生产体验和康养旅游有机结合,将每亩地认养资金 120 元注入扶贫基金。通过品牌效应引领消费升级,真正实现燕麦产业一二三产融合,同时进一步提高了扶贫资金的扶助保障能力。

第五，产学研紧密结合，支撑了燕麦产业创新性发展。积极与河北省现代农业产业体系杂粮杂豆创新团队及中国农业大学、江南大学食品学院、张家口市农科院等多家组织和科研院所合作并建立战略合作伙伴关系，确保了各类产品研发的技术和实践支持。近两年来，坝莜 18 号的推广应用较坝莜 1 号在单产水平上实现了 10％～20％增产效应；新品种冀张莜 15 号不仅产量稳定，还具备和常规品种相比更加抗旱、抗贫瘠的特性；谷之婵拥有了多项燕麦加工方面国际国内领先技术和 2 项全国独有的超微粉碎和无菌冷挂技术，为实现尚义县燕麦产业创新发展和产品价值链增值发挥了关键性作用。

(2) 燕麦产业扶贫的困难与不足

第一，燕麦单产低，麦农收益低、种植积极性不高。实地调研结果显示，尚义县旱作燕麦单产水平 75～100 千克/亩，产品市场价格近 3 年最低为 2.6 元/千克，最高 3.4 元/千克。小农经营模式下，燕麦生产全程人工作业和全程机械化作业亩均收益水平分别为 160～225 元和 75～140 元；按照当地户均燕麦种植面积 6 亩计算的话，户均年收益水平在上述两种情况下分别为 960～1 350 元/亩和 450～840 元/亩。低水平的收益导致大部分小农以满足自给性需求为生产边界，生产积极性不高。

第二，燕麦生产老龄化严重，麦田撂荒成为当地人的隐忧。调研的 27 位种植燕麦的脱贫和贫困人口，年龄基本都在 70 岁左右。一方面燕麦生产者严重的老龄化正在威胁着当地燕麦生产的发展；另一方面他们对新技术敏感性差，生产上推广的新技术、新品种采纳率低，生产收益率不能得到有效提升。当地人对 20 年甚至 10 年后麦田是否会被弃耕存在很强的危机意识。

第三，引领主体过于单一，对产业发展造成隐患。目前为止，尚义县燕麦产业引领企业仅有谷之婵一家，呈现一家独大的局面。一方面，无论从产业扶贫角度而言，还是从燕麦产业发展而言，过分依赖一个企业，易于造成企业对政府的绑架；另一方面，根据实地调研情况来看，尚义县的燕麦种植规模分布，小农户经营大概占 50％，主要以自给性消费为主，规模经营大概占 50％，以商品销售为主，而且绝大部分订单给谷之婵公司，少部分流向万全和康保。换句话说，谷之婵有限公司和当地燕麦产业之间是一荣俱荣、一损俱损。而企业作为市场主体，在不确定的市场中"飘摇"，风险无时不在，"一枝独秀"无疑将全县燕麦产业发展置于一个高风险的位置。

第四，风险保障机制不健全，麦农收益稳定性差。尚义县燕麦生产旱作雨养的管理方式及其作为"市场性作物"的特点，决定了其相较于大宗作物而言面临的自然和市场风险更大，然而在尚义县产业扶贫措施中，针对燕麦生产的基础设施建设项目短缺、市场风险保障机制不健全，使得贫困户的收益年际间波动幅度比较大，收益稳定性和持续性不能得到有效地保障。

(3) 提升燕麦产业质量的建议

第一，生产收益提升为导向，强化燕麦生产发展的投入支持。燕麦单产水平过低，是燕麦产业发展最重要的制约因素之一。针对这个问题，一是有条件的地区搞好麦田节水灌溉设施建设，尝试土壤保湿技术的应用和推广等，以提升燕麦生产抵抗旱灾能力；二是选派专业技术人员在关键的生育期或者病虫害发病期来临之前，适时地对麦农进行培训指导，以杜绝因管理不当或者病虫防治不及时等带来的损失；三是加大对高产优质综合抗性好的燕麦品种选育工作的支持力度，从根本上解决燕麦单产水平低的问题。

第二，创新耕地经营管理模式，加快新型经营主体培育。针对麦农严重老龄化现象，一方面从土地经营管理模式上进行创新，尝试通过土地股份合作社、土地托管等方式，将无劳动能力或无耕作意愿的麦农的土地集中起来进行经营；另一方面大力培养新型经营主体，通过家庭农场、合作社、专业生产大户或者承接"生产托管"的职业农民等将分散的小规模经营，转变成专业化、规模化、社会化大生产，保障燕麦产业持续高效的发展活力。

第三，持续引进和培强引领企业，稳固产业持续发展的后劲。一是坚持对发展势头好、潜力大、连贫带农增收能力强的企业扶持不松懈，建立长效的支持和保障机制。二是以燕麦轮作茬口作物为切入点，实现同类产业扶贫的多点发力，而不是仅着眼于燕麦一种作物的生产和加工，比如亚麻、食用豆等，引进和培强几个综合性杂粮加工企业，通过产品品类多样化和企业间的良性竞争与制衡，形成产业发展风险规避和自我成长的内生动力，而不是一味依附于政府的推动和支持。三是注意引导跨产业企业间合作，以燕麦等杂粮生产、加工、收购企业建设生产基地为纽带，与畜禽养殖企业联合，一方面可以通过保底或高于市场价收购贫困户原粮和秸秆的双重效应实现贫困户收益水平再上新台阶，另一方面又可以助推循环绿色农业发展。

第四，完善燕麦生产风险保障机制。普惠性政策措施和选择性政策措施有机结合，从省级层面将河北坝上的尚义、张北、康保、沽源四县和承德丰宁及围场两县，共计 6 个燕麦主产区的燕麦生产纳入相关农业补贴和政策性农业保险范畴，以保障当地农民对燕麦主食的刚需和以燕麦为生计来源的贫困户不再返贫，同时有利于燕麦产业持续发展壮大和燕麦文化的延续。

8.3 案例 3：黄骅市冬枣产业发展案例

黄骅是"中国冬枣之乡"，冬枣个头大、皮薄、汁多、色泽鲜艳、肉质酥脆、酸甜适口；平均单果质量 17.5 克，最大 58 克，总糖量 32.2%；每百克维生素 C 含量 354 毫克，相当于苹果、梨、葡萄的 50～150 倍；果胶 0.286%，粗纤维 7.88%；每千克含铁 4.4 毫克、锌 6 毫克、磷 38 毫克，并含有多种人体所需的氨基酸及营养物质。截至目前，冬枣在黄骅的栽培已经有近 3 000 年的历史，黄骅冬枣也是中国第一个获得"原产地域保护"的果品，同时，黄骅冬枣特色农产品优势区为河北省首批特色农产品优势区之一。作为中国国家地理标志产品，冬枣特色产业具有绿色健康、综合效益好、可持续发展的特点，多年以来为黄骅农村经济发展、农民富裕起到了积极的推动作用。在乡村产业振兴的发展战略下，大力发展冬枣产业已成为河北省特色经济发展、助推乡村振兴的一项重要举措，对解决河北部分地区的贫困痼疾，坚决打赢"脱贫攻坚"这场持久战具有显著作用。从 20 世纪 90 年代开始，黄骅市政府就已开始推行多举措大力支持其发展，近年来更是加大支持力度、采用更加合理有效的措施，加大财政补贴和优惠力度，推进并完成了冬枣种植、加工、销售的一体化流程建设。黄骅市具有"中国冬枣之乡"的美誉，其境内已种植冬枣 3 000 多公顷，每年可产冬枣 10 万多吨。目前，黄骅市已有天天、国润等几家冬枣加工公司并创建了"十月红""古园"等冬枣品牌。冬枣产业作为推动黄骅经济社会发展的特色农业产业强大引擎，其健康可持续发展显得尤为重要。

8.3.1 黄骅市冬枣种植现状

(1) 历史底蕴丰富，资源优势突出

黄骅市位于华北平原的东端，紧邻渤海，与天津为邻，地处环渤海经济圈以及环京津枢纽地带，交通发达，有环渤海的新兴港口黄骅港、荣乌高速、黄石高速等多条高速公路和朔黄铁路、沧港铁路等多条铁路贯穿其中，地理位置优越，为实现黄骅冬枣"走出去"和冬枣产业的腾飞提供了良好的条件。

作为黄骅市的特色产业，据历史记载，冬枣种植可追溯至秦汉之前，始于当地齐家务乡娘娘河畔，而距今存在历史最长的冬枣林位于齐家务乡聚馆村，这片 1 000 株树龄在 100 年以上的冬枣林已经有 600 年以上的历史，其中有近 200 株古树树龄在 600 年以上。1997 年黄骅市林业局对这一珍贵自然资源极为重视，采取系列措施对原始冬枣林 1 067 棵古树进行文物资源保护，多名技术工程师在古林中采集口感极佳、芽体饱满健壮优质冬枣接穗，对 1.33 万公顷优质酸枣砧木苗圃进行嫁接，培育出大量冬枣苗木，充分繁育最好的冬枣品系。充足的光热和较大的昼夜温差促进了冬枣果实糖分的积累，富含微量元素的土质条件促使果实形成独特的品质和口感。调查显示，种植时长在 10 年以上的农户所占比例为 32%，种植时长在 5～10 年之间的比例为 41%，5 年以下所占比例最小为 27%。在长时间的冬枣种植过程中，当地冬枣种植户收获了丰富的生产实践经验。这些生产经验为黄骅市冬枣产业的进一步发展奠定了基础坚实基础。

(2) 生产规模扩大，种植产量增加

20 世纪 90 年代以来，在树苗补贴等一系列优惠政策的鼓励和引导下，农户种植冬枣的积极性有了很大提升，种植冬枣的农户数量明显增多，种植面积也进一步扩大。截至 2012 年，黄骅市冬枣年产量已达 9 000 万千克。到 2014 年，黄骅市冬枣种植面积达 3 000 多公顷。在被访的 101 家农户中，正在扩大种植规模的农户数量达 31 户，预期会扩大种植规模的农户有 43 户（图 8-3）。此外，积极加大与科研院所、高校的合作也是黄骅市冬枣种植规模不断扩大的主要因素。黄骅市政府通过与中国科学院、河北农业大学等院校的合作与重点攻关，帮助果农解决种植难题，创新种植方法，实现了果

树产量增加。

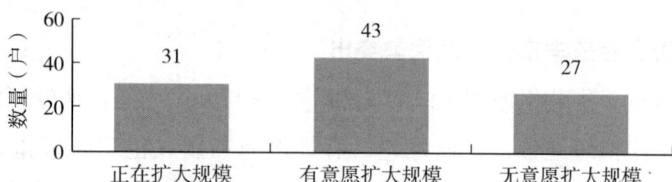

图 8-3　冬枣种植户扩大种植规模意愿图

（3）销售形式多样，效益有待提升

黄骅市冬枣销售已经实现从依赖单一销售形式到"1＋N"销售形式的转变，销售形式的多样化促进了冬枣销量和市场影响力的不断增加（图 8-4）。不过，农户对收益评价较为一般，大部分种植户认为仍存在一定的提高空间。过去，因为信息技术不发达、交通条件落后等，所以当地冬枣销售过于依赖外来的商贩并且以鲜果销售为主。随着现代信息技术的发展以及物流交通日益便捷，利用网络销售、当地集体组织销售等新销售方式不断涌现。销售的产品除了鲜枣之外，还增加了初加工及深加工产品，尽管如此，收益仍远未达到种植户预期。

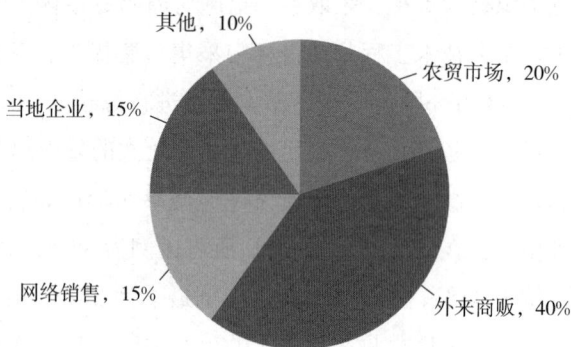

图 8-4　冬枣不同销售渠道占比

（4）市场规模扩大，质量标准完善

随着宣传力度的增大和消费者对黄骅冬枣认可度的增加，黄骅冬枣在国内市场的销售量较之前有很大提高，并且呈现出继续增加的趋势。此外，黄骅市政府还关注到国外市场的消费潜力，积极开拓国外市场。目前，黄骅冬枣已经销售至智利等多个国家，国外市场占有率也有一定的提升。

在黄骅市冬枣产业快速发展的背景下，国家相关部门针对黄骅冬枣颁布了强制性标准。黄骅市政府也积极采取措施推行冬枣标准化、规范化生产，冬枣种植户和加工企业在种植和加工过程中必须严格遵照标准规范，如使用绿色环保的生物药剂，施用化学污染较小的有机肥。目前，黄骅冬枣不仅被评定是国家 A 级绿色食品，而且是受到国家原产地域产品保护。

8.3.2 黄骅冬枣种植效益分析

(1) 经济效益分析

成本分析方面，根据实地走访调研，发现冬枣生产成本主要包括三部分，分别为种植成本、销售成本、贮藏成本。其中种植成本又可以分为原材料成本、辅助生产材料成本、人工成本，另外还有部分无形资产成本和能源成本。原材料成本指购买冬枣幼苗的支出，辅助生产材料成本包括农药和肥料的开支、辅助生产工具的成本。无形资产成本主要包括租入土地的成本，劳动力成本指雇佣人工进行种植、采摘、分拣等工作的薪酬。能源成本指水电费。贮藏成本包括建设仓库成本、仓库使用过程中的电费等总成本。本章根据调研所得到的数据进行整理，计算产出每千克冬枣的各项成本以及占总成本的比例（表 8 - 9）。

表 8 - 9　每千克冬枣成本构成表

	成本构成	金额（元）	比重（%）
原材料	树苗	0.5	8.82
辅助生产材料	农药	0.26	4.59
	肥料	0.41	7.23
	辅助生产工具	0.33	5.82
无形资产成本	土地	0.85	14.99
劳动力成本	雇佣费用	1.82	32.10
能源成本	水费	0.17	3.00
	电费	0.21	3.70
贮藏成本	冷库贮存	1.01	17.81
其他成本	其他费用	0.11	1.94
总计		5.67	100

数据来源：根据调研数据整理

由计算出的数据可以看出果农种植每千克冬枣的平均成本为 5.67 元，其中，每千克冬枣的劳动力成本为 1.82 元，占总成本的 32.10%，是成本的主要构成部分；每千克冬枣的储藏成本为 1.01 元，占总成本的 17.81%，是成本的重要构成部分；每千克的冬枣的无形资产成本为 0.85 元，占总成本的 14.99%，占总成本比重也比较大。

近年来，随着劳工薪酬上升，劳动力成本成为影响冬枣种植成本的关键因素。冬枣种植需要大量劳动力，人工成本的上升将大大影响了农户的种植效益。贮藏成本也是影响冬枣成本的重要因素。随着冬枣产量的增加，在集中上市时段，冬枣市场呈现出供过于求的局面。因此，为保证未出售冬枣的新鲜度，将这些冬枣进行合理贮存显得尤为重要。如何控制劳动力成本和储藏成本成为提高冬枣生产效益亟待解决的问题。

从表 8-10 中可以看出，在冬枣种植的多个环节尤其是冬枣采摘环节需要大量的劳动力。一方面是由于冬枣的生长习性和当地自然环境的影响，冬枣生长过程中需要多次浇水和施肥。另一方面是由于在冬枣种植过程中所使用的机器设备还不够完善，工作效率低下。大量使用人工严重影响了黄骅市冬枣产业的进一步发展。

表 8-10　每公顷冬枣种植一个生产周期用工量估算

生产环节	次数	雇工/工（日）	自工/工（日）	合计（日）
春季追肥	1	14		14
春季抹芽	3～4	20	10	30
环剥	1		8	8
疏枣	2～3	9	8	17
喷药	8～10		20	20
灌溉	2		2	2
除草	2		15	15
旋耕翻地	2		6	6
摘枣	逐次成熟	200	10	210
秋季施肥	1	4		4
冬季修剪	1		16	16
合计				342

数据来源：根据调研数据整理

效益分析方面，通过对调研数据整理分析，计算出具有代表性的冬枣种植户的年产量、年收入。根据年产量和年收入计算得出冬枣的平均价格，结合上文的成本，对黄骅市农户种植冬枣进行成本收益率计算。成本收益率由净利润和总成本两个要素决定。计算结果如表 8-11 显示近 3 年的黄骅冬枣采购价格有所下降，生产的平均成本有上升的趋势。近 3 年果农种植冬枣的成本收益率分别为 56.65%、47.46% 和 43.09%。虽然种植户的销售收入不断增加，但是成本收益率却呈现下降的趋势，这也恰恰反映出目前黄骅市冬枣产业发展遇到一些问题。

表 8 - 11　成本收益表

	2015 年	2016 年	2017 年
平均价格（元）	9.1	8.7	8.6
平均成本（元）	5.7	5.9	6.01
收益（元）	3.4	2.8	2.59
成本收益率（%）	59.65	47.46	43.09

数据来源：根据调研数据整理

（2）生态效益分析

黄骅市农户种植冬枣的种植方式已经形成循环模式。这种循环模式可以实现资源的充分利用，发挥有限资源的最大效用。冬枣种植一方面充分利用不适宜农作物种植的荒碱地，避免土地资源的闲置和浪费。另一方面在植物的光合作用影响下，也对当地气候的调节产生积极作用。黄骅市政府积极鼓励种植户进行无公害生产，鼓励使用有机肥。一部分果园也开始逐步发展林下经济，这种林下经济的模式充分实现了对资源的高效利用，不仅有利于冬枣树的健康生长，而且有助于实现生态系统的可持续。以牲畜、禽鸟的粪便为有机肥料，可以实现废弃资源的充分利用，也可以避免这些杂物对周围环境的污染。因此，大力推进冬枣产业绿色、健康、循环发展对当地的生态建设和环境净化有着重要意义（图 8 - 5）。

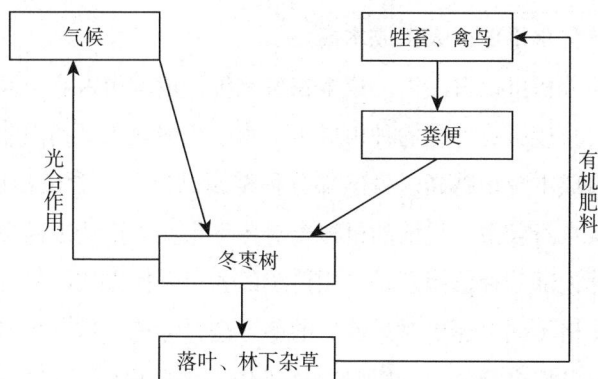

图 8 - 5　冬枣产业循环发展示意图

(3) 社会效益分析

第一，吸纳劳动力就业，推进产业转型。由于冬枣在生产过程中需要大量劳动力，因此黄骅市大力支持冬枣产业的发展可以提高当地的就业率，而且为年轻人在冬枣产业发展过程中创业创造了条件，给当地带来良好的社会效应。冬枣成熟期集中在 10 月中旬，成熟后为防治病虫害需要尽快采摘，此时需要大量劳动力。此外，冬枣加工企业以及一些中小型加工作坊也需要雇佣一定数量的劳动力进行生产经营。冬枣产业能够带动当地其他相关产业的发展，例如旅游业、运输业等。随着冬枣产业的不断发展，黄骅市政府开始加大力度支持服务业的发展，逐步协调三个产业之间的比例关系，从而实现农村经济的持续发展。

第二，实现集体增收，完善基础设施。冬枣种植不仅增加了农户个体的收入，而且创造了更多的集体财富。随着冬枣产业发展带来经济收入和集体财富增加，在政府部门支持和资助的情况下，部分农村在基础设施建设和完善方面投入了更多资金。以滕庄子乡朱里口村为例，在冬枣种植没有大规模推广之前，村里都是土路，一下雨基本不能出门。而近几年，随着冬枣种植规模的扩大和农户收入的增加，村里出资将土路硬化为水泥路，铺设了完善的地下排水通道，给村民生活带来极大便利。村内还修建了文化广场和一些休闲娱乐的设施，满足了村民对提升自身文化水平和日常休闲娱乐的需要。

8.3.3　黄骅市冬枣产业目前存在的问题及分析

(1) 机械化水平低，人工成本高

通过上述分析可以看出人工成本在冬枣种植成本中占有很高的比重，人工成本过高会直接影响冬枣的种植成本。由于机械化水平的限制和工人工资提高，劳动力成本越来越高。虽然部分种植园已经开始尝试机械采摘冬枣，但是冬枣果实本身较薄，目前的机械会对冬枣果实表皮造成破坏，影响果实的外观，因此大部分种植园还是采用传统的人工采摘方式。另外，不同品质的冬枣销售价格不同，还要对采摘后的冬枣进行分拣工作，现有的分拣设备不能很好地对冬枣进行分类，所以分拣工作也需要雇佣一定数量的劳动力。机械化水平低极大影响了冬枣种植户的收益，影响了冬枣产业的健康发展。

（2）市场监管不规范，存在无序竞争

黄骅市冬枣集中成熟于 10 月中旬。但是陕西冬枣、山东冬枣受自然条件、气候环境的影响，成熟上市时间早于黄骅冬枣，再加上这些地区冬枣品质与黄骅冬枣无太大差异。因此市场对黄骅冬枣的需求量相对较少。部分种植户为降低储存成本，急于出售当年成熟的果实，导致低价竞争行为的发生。市场监管的不到位、不规范加剧了种植户之间的恶意竞争。因为市场监管体系的不完善而导致的无序竞争，最终会对农户的收益以及当地冬枣产业的进一步发展产生不良影响。

（3）追求经济效益，果实品质下降

部分种植户为追求更高的经济收入，通过多种手段增加果实产量，造成果实品质下降。一方面，虽然黄骅市政府已经出台无公害生产的相关政策，但是一些农户在冬枣生长过程中，仍大量使用化肥、农药促使果树坐果量增加。这样虽然可以使果树产量增加，但是由于叶果比变小，导致植物光合作用不充分，从而造成冬枣的糖分含量降低，口感下降。另一方面，冬枣本身属于晚熟品种，一些果农为冬枣能够提早上市，抢占市场，在冬枣未完全成熟时采摘，导致上市的冬枣并没有达到应有的品质。黄骅冬枣品质的下降会影响其市场口碑，最终会影响到黄骅冬枣的品牌建设。

（4）缺少企业带动，产品附加值低

黄骅市现已有冬枣加工企业 20 余家，但是由于企业在发展过程中，只注重自身品牌建设，各企业之间相互竞争，相互制约，无法形成集合优势，大大削弱了黄骅冬枣的市场开拓能力。这些加工企业发展时间比较短，规模都比较小，生产技术不够完善，生产的产品类型单一，不能够实现对冬枣的深加工，无法提高冬枣附加值，这大大削弱了黄骅冬枣系列产品在市场中的竞争力。此外，果农与企业之间并没有建立应有的信誉，加工企业往往面临枣农毁约等情况，导致企业的生产加工无法有效进行。因此，实现冬枣产业的产业链延长、产品附加值的增加是当地冬枣产业可持续发展亟待解决的问题。

8.3.4 黄骅市冬枣产业发展的主要对策

（1）加深科研合作，提高技术能力

当地政府与经营主体应进一步积极与科研院校在冬枣种植、采摘、加工、销售、贮藏等方面加深科研合作。在采摘方面，通过完善现有采摘设备，积极研发新型设备，从而实现冬枣采摘和分拣的一体化。机械设备的规模使用有助于在生产过程中减少劳动力的雇佣数量，帮助农户降低种植过程中的人工成本，提升种植户的收益。在加工方面，加快将实验室成果转化生产，不断研发新的冬枣开发利用技术，加大在冬枣果酒方面的研究资金投入，从而实现冬枣加工产品类型的丰富。在贮藏方面，加强冬枣贮藏保鲜技术的攻关研究，进一步开发经济、实用、便捷的冬枣贮存技术。政府部门可以通过与高校之间的技术转让或者合作方式，解决冬枣贮存难题。

（2）健全相关法律，加强市场监管

健全法律法规是促进冬枣产业进一步发展的必要措施，为冬枣产业的发展保驾护航。黄骅市政府部门需完善相应的法律法规，强制推行无公害生产标准，针对在种植过程中滥用激素、农药的农户，要持有零容忍的态度，及时制止其行为并进行相应的处罚。如果触犯法律，必须追究相应责任。在冬枣集中上市的时间，市场监管部门要积极发挥自身作用，制定当年冬枣价格的浮动区间。另外，制定奖励政策，鼓励群众对农户、商贩等恶意竞争行为的举报，从而及时制止恶意竞争行为，实现冬枣交易市场竞争的规范、有序。

（3）加强组织管理，推进标准化、绿色栽植

严格执行《地理标志产品——黄骅冬枣》国家标准，实行标准化生产，通过和高校及科研院所进一步合作，整合各方面研究和技术力量大力发展冬枣高新技术、绿色生产技术及其配套技术支撑体系、加快黄骅冬枣优良品种选优复壮和推广普及，以进一步提高黄骅冬枣标准化生产和管理水平；大力实施品牌战略，在"品种、品质、品牌"上做文章；强力推进示范园区建设，进一步实现适度规模化和产业化，此外，积极探索"保险＋特色农产"保险模式，完善冬枣种植的保险工作，解决果农的后顾之忧。

（4）培育大型龙头企业，进一步延伸产业链

"龙头企业＋农业"的模式是近年来推进农业发展的重要举措。进一步培植壮大黄骅冬枣龙头企业，积极探索龙头企业、合作组织、种植能手带动型土地流转模式。同时，可探索推行林下循环经济新模式，提高黄骅冬枣产业综合效益。企业一方面通过进一步探索果实的深加工，延长产业链，努力打造自身市场竞争优势，一方面应把培强提升黄骅冬枣产业与发展观光农业、旅游农业、休闲农业和生态农业结合起来，实现一二三产有效结合，在此基础上除了在竞争激烈的国内冬枣市场上扩大黄骅冬枣的份额，还要积极提高黄骅冬枣的国际市场上的影响力和知名度。

8.4 案例4：涉县、巨鹿县林下中药材经济

林下经济主要是根据林地的生态环境开展的复合经营经济，从我国北方地区来看，由于北方地势辽阔，资源丰富，物种丰富，发展林下经济具有德天独厚的优势。结合产业实际情况因地制宜，合理发展林下经济，能够充分利用林地空间、土地等资源条件，形成立体经济，实现产业综合效益最大化。《国务院办公厅关于加快林下经济发展的意见》中明确提出，必须将林下经济发展与森林资源培育、天然林保护、重点防护林体系建设、退耕还林、野生动植物保护及自然保护区建设等生态建设工程紧密结合，根据地方实际自然环境与市场需求等情况，采取有效措施推进林下经济发展。目前我国现在主要的林下经济发展模式除林牧模式（林下养殖梅花鹿、林蛙、狐狸、禽类等）、林花模式（在林下、林间发展花卉种植）、林菌模式（在林缘种植黑木耳、香菇等野生菌类）、林菜模式（利用林下发展野菜，并且进行深加工）、森林康养旅游之外，还有林药模式。近年来，随着中草药生产规模逐渐扩大，野生药材供不应求，充分利用林地资源优势来发展林药种植，是林下经济发展的新趋势之一。药材种植能够提高林地生产力的利用率，解决市场野生药材不足的问题，发展林间中药材开发，在林间种植中药材，既不影响树木生长，又是一个增收的良好途径，可以达到一举两得的良好效果。中药材采用林下间作种植方式，能很好解决经济作物与粮争地矛盾的同时，还能起到涵养水土，生态保护的作用，充分实现中药材种植业的稳定可持续发展。

8.4.1 涉县发展林下中药材产业主要做法

（1）积极谋划支持产业发展壮大

作为山区县，涉县林木覆盖率达56％。自2012年起，当地政府每年通

过财政预算和整合支农资金至少 1 000 万，用于对中药材产业提质增效发展的支持，主要针对产品标准及品牌发展、种质资源、园区建设等方面提供奖补，近年来支持资金持续增长。为进一步提升产业化水平，涉县还出台了系列政策措施，吸引了以岭药业、摩罗丹制药、林益堂有限公司等一批国内知名医药企业入驻，为涉县中药材产业进一步做大做强，产业链向高端延伸创造了条件。除中药材外，核桃、花椒、柿子林果产业也是涉县的传统农业产业，多年以来持续在农村发展、农民增收等方面发挥着积极的作用。

涉县根据自身的资源优势与产业发展现状，结合国家退耕还林政策和山区绿化、农业结构调整、扶贫开发等系列项目，下大力度推进核桃等干果种植和生产，目前核桃种植已形成 50 万亩左右的规模，与此同时，该县将核桃等经济林木与中药材种植相结合、推行中药材的林下经济产业模式，根据药、林生长习性，结合适宜核桃林下种植的中药材品类的具体习性特点，选择了射干、贝母、知母等品种进行推广种植，经过几年的发展，涉县林下间作中药材已达 10 万亩左右，初步形成"核桃＋中药材"等较大规模的产业格局，目前该县药林套种模式下每亩土地年平均收入在 6 000 元以上，比未采用该模式的核桃种植多收入 2 000 元上下，在实现农民增收的同时，也进一步巩固了造林成果，推动了产业生态化和可持续发展。

(2) 科技创新引领产业高质量发展

涉县针对"核桃＋中药材"等林下经济模式，通过持续强化科技创新作为支撑、制定产业标准化技术规程等逐步实现了良种核桃标准化栽培；通过聘请专家、编写教材、开设培训班等多种形式实现相关技术的普及和推广；对传统低产品种进行更新换代，结合树立产业典范以充分发挥示范带动作用，如支持和创建"核桃＋中药材"科技精品示范园，通过安排大型观摩活动等方式，进一步引领"核桃＋中药材"产业高质量发展；除财政专项资金支持外，政府部门还下大力度协调和吸引金融资本和社会资本投入"核桃＋中药材"产业发展，近几年，年均投入 2 亿元以上。

8.4.2 巨鹿县发展林下药材产业主要做法

巨鹿县金银花种植历史悠久，枸杞种植也有 50 多年的历史，是国内最大的枸杞集散地，全县金银花和枸杞种植面积常年在 20 万亩以上。目前该县林下药材产业发展势头良好，每亩平均年收益可达 2 500～4 500 元。以阎疃镇郝鲁村为例，作为传统农业村，该村金银花种植已有较长时间历史，但多年以来整体实力较为薄弱。从 2017 年开始，该村结合自身的资源优势与特征开发了"苹果＋中药材"为主的林下中药材种植模式，经过反复咨询和论证，最终选择适宜林下种植的射干作为首选中药材品种。在此基础上当地积极与安国市药都药业商会进行沟通，最终双方达成协议，由药业商会对项目进行全程技术指导，包括播种前期操作规程、种植资源筛选、后期管理等全流程，针对药材产出销售环节，由药业商会与种植户签订中药材订单种植回收合同，进一步解决了中药材产品后顾之忧。根据现场调研来看，林下种植射干亩产平均能晒出 150 千克干货。参照近几年市场行情，"苹果＋中药材"种植模式仅中药材一项，平均每亩年收益最高能达到 3 900 元。在这一种植模式初期，多数种植户还只是小规模试种，但可观的收益和良好的发展前景使这一林下种植模式影响迅速扩大。当地通过土地流转等方式进一步扩大了产业规模，同时果树种植也由原来的单一的苹果品种扩大到梨树、杏树等，林下种植的中药材品种也由原来单一的射干扩大到防风、金银花、牡丹、白芍、板蓝根等。通过土地流转扩大了产业规模，而租出土地的部分村民转为果园的雇工，能同时获得地租收入和务工收入，这在最大化实现产业效益的同时，也在一定程度上促进了农民个人增收。当地的林药企业鲁兴公司，筹集村集体投资和集体专项资金用于产业运营，采用"杏＋中药材"模式，林下种植防风和射干等中药材品种，产生的部分收益将用于扶贫及公益事业。

8.4.3　林药产业发展存在的问题及分析

(1) 实践成果不足以支撑有效落实中药材林下经济工作

虽然国内对于如何发展林下经济已经发布了相关的政策纲要，但就目前来看，相应工作取得的成效并不是很成功，更多的工作侧重于理论层面，实践操作层面上的落实成果相对匮乏。虽然各地都有林下产业成功的范例，但都不具有普遍性，对于中药材林下经济涉及的品种选择与栽培管理等一些技术方面的问题，开展的深入研究仍相对零散，并没有形成系统性，这样的研究现状不仅不能保障中药材林下经济可持续发展，还会影响中药材林下经济发展工作最后落实成果的有效性。

（2）政策细化和最终落实的问题亟待解决

对于林下经济，虽然有相应的政策出台，并且对促进林下经济增长发挥了重要的作用，但是结合地域特色、产业特征的细化方面还有待进一步完善，如专门针对林下种植中药材的相关政策还有待补充，尤其针对某些偏僻区域来说，政策并没有得到有效贯彻推行，所以有的地区并没有完全发挥出自身的特色优势。政策的落空主要归结于这些地区的政策落实监管方面缺乏政府领导人员的参与，如此，政策实施结果情况就存在很大不确定性，而这对于发展中药材林下经济来说是目前迫切需要解决的问题。

（3）资金支持不足，管理经营能力尚有欠缺

绝大多数林药产业的参与者或者是对林药产业光明前景抱有希望的人，或者是曾经参与过与林药产业关联产业活动的人。但这些参与者中的大部分人要么出现前期启动资金不足的问题，致使不少项目在初期就大受掣肘，要么出现启动后期资金投入后劲不足的问题，导致项目停滞不前。另外由于中药材品种多、品种间差异大，产业有较强的技术需求，需要高额资金聘请专家技术服务团队，如果投入的资金不能满足这些需要，也会影响林下经济持续健康稳定的发展。

大多数从事林药产业的人员具备一定的认知、技术和一定的资金基础，然而这些人员经营规划水平尚有欠缺，缺少筹划能力，整体的组织化能力不足，甚至一些林业经济机构都缺乏完整的工作制度与明文规定的治理标准。除了自身能力缺陷之外，相当一部分的林药产业人员也并不能及时把握销售市场上的供需信息，因此在选择药材种植品种、决定生产规模时可能存在误差，导致产品并不能满足市场需求，销售途径又比较单一，有些从业者甚至只能等待上门收购，具有很大的被动性，综上原因最后致使项目收益惨淡，影响项目质量。

8.4.4　提高林下中药材种植效益的措施

林下中药材种植要结合当地地理形势，谨慎挑选药材品种、分布种植面积，选择中药材的种植技术要考虑区域地理条件，最大程度上发挥地理优势，在中药材采摘、再加工、产品包装以及产品运输上既要符合市场要求又

要紧密关注市场变化，及时调整。林下中药材经济的发展紧紧依托市场，所以既要禁止忽略市场需求盲目扩张，又要注意实际情况，做到经营计划不跟风不从众，只有这样林下中药材产业才能走长远繁荣的发展之路。

（1）挑选与地理条件相宜的药材

种植林下中药材最应该注重的就是中药材种类的选择，要考虑当地地质土壤、气候状况，慎重挑选栽种的种类，因地制宜发展林下中药材产业。大部分林地表土层较薄，土壤中砂石较多，保持水土的能力差，土壤比较贫瘠，所以必须选择一些耐旱、耐贫瘠的生命力旺盛、粗生易长的药材种类，如柴胡、金银花等。除此之外，当地海拔、气候温度、坡向坡度、树林密度以及树木种类等都会影响中药材的种植，要根据不同的地理环境条件选择不同的药材种类。比如海拔高、坡地向阳面可栽种喜阳不畏寒的白芍和柴胡；海拔低、坡地背阴面可栽种喜荫耐潮湿对阳光需求度低的鱼腥草和绞股蓝；林地树龄小、树木细，受光面积大，可栽种喜光的丹参；树龄大、树木密，受光面积小，则栽种避免强光直射、需做好遮光处理的黄连和黄精。以猪苓为例，多分布于800~2 000米海拔高处，坡度为20度到50度的坡地上，随着海拔升高所需的光照越多，虽然阳坡和阴坡都可以栽种，但位于半阴半阳的二阴坡生长情况最好，因此要根据不同的海拔选择不同的种植方式。而且，由于土壤肥力不同、土壤结构发生变化以及抵抗病虫害的需要，中药材会在生长过程中分泌一些特殊物质，因此绝大多数根茎类中药材在3~5年之内不宜重茬连作，否则会降低产量和中药材的品质。

（2）种植策略需切合国家林业政策

发展林下产业中药材种植的目的一方面是提高林地利用效率，另一方面是增加农民收入，在保护土地中开发土地，在开发土地中保护土地，争取在充分利用林地的同时采取适宜的栽培方式保持水土，增加林地生产力，并将生态保护时刻放在首位，不通过以牺牲自然资源为代价的方式来达到经济快速发展的目的。所以，在选择林下中药材品种时，应当优先考虑种植以收获地上部分，如植株的叶茎、花朵、果实为主的药材，并且一年种植之后多年收益，比如金银花和五味子；为了防止水土流失，保持土地植被覆盖率，也可选择多年种植且种植之后不需要翻耕的药材，比如芍药、猪苓或者薄荷。综上，林地种植，特别是退耕还林之后的林地，必须注重水土保持，不得违背当地林业政策，损害林地生态条件。

(3) 扶持中药材深加工企业扩大发展

中药材深加工行业发展要以龙头企业为中心，培育优势企业强势企业，首先将农、林产业资金合流，集聚技术力量，全力建设扩大林下中药材产业。引入或培育一批吸引力大、带动作用强的领头企业后，探索发展龙头企业联合专业合作社、基地以及农户的经营范式。龙头企业要发挥带头作用，惠及中小企业、千家万户，强力助推企业发展、农户增收。另外，也要鼓励支持未来发展预期良好的企业，金融机构可扶持有潜力的企业发放贷款，利用好的规划、政策、举措推动林下中药材企业的大发展。

(4) 制订技术规范流程，着重提高技术水平

林下中药材产业要注重区域差别，合理调整产业规模，走规范标准、专业高效之路。不同的区域条件适种不同的药材种类，要想获得理想可观的收益，林下中药材产业要做到因地制宜、因势利导，在实际生产操作中要专业规范，统一管理。林下中药材种植不同于粮食作物种植，需要一定程度上的专业知识作为指导，大多数种植户恰恰缺少相应的种植观念与经验，因此要构建专业知识技术教授体系，目的不仅是在药农种植全程提供技术指导，也是为了及时解决种植生产过程中出现的困难障碍。只有规范技术、提高技术能力才能为林下中药材产业的可持续发展带来强有力的支撑。

(5) 引导中药材产业向市场化发展

在做好林下中药材产业经营发展基本工作的同时，也要适当采取鼓励性措施，在辽西地区发展林下经济产业，引导辽西地区的林农种植药材，并普及好药材选种栽培知识，结合当地地理条件，选取合适的优质药材，培养林农开发利用中药材获取收益的意识。中药材的种植管理要注意药材市场的波动变化，药材的生产必须迎合消费市场的供需要求，及时根据市场变化调整药材产业发展方向。与此同时，政府也要积极帮扶药农，出台相应优惠政策，以产业专业合作社为主体，联合分散的小户药农，共享市场信息与销售渠道，提升区域林下中药材产业的竞争力，打造高品质、优品牌的中药材产业。

除林下中药材产业外，廊坊市林下栽培饲用小黑麦、唐山市林菌间作和林粮间作、邢台市林下蛋鸡、临漳林下养殖、永清绿野仙踪生态园等林下项目均具有一定规模且取得一定的成效。近年河北省发展林业经济表现出如下特点：首先，它属于利用林地资源以及林荫空间进行发展的林业产业经济；其次，它属于循环经济，是在尽可能保护与合理利用林地资源的前提下所构建的一种内部循环生物链，不但能够确保生态系统的稳定发展，同时也能够实现林地生态多样性的目标；最后，它属于高效经济与富民经济，凭借现代化的科学技术，让林地不仅成为生态保护带，同时也演变为综合经济带，表现出投资低、见效快、产值高等优势。发展林下经济是调整和优化产业结构、转变经济发展方式的重要举措，也是巩固和深化集体林权制度改革成果、推进林业强区建设的重要抓手。详细来说，促进林下经济发展有助于林业综合效益的提升，提高单位面积产出，推动林业产业朝着林产、林地资源综合利用转变，从而有效防止出现林地种植结构单一化、生长周期长、经济见效缓慢的问题。与此同时，促进林下经济的发展能够助力地方经济多元化发展，可以有效带动物流、加工、信息服务等其他产业，进一步拓展就业渠道，广泛吸纳林区剩余劳动力，保障了农村地区的社会稳定和林农的增收致富。

目前河北省林下经济的建设和发展已经获得了较为显著的成绩，但依旧存在一系列问题。需要在积极争取政府部门支持的同时，针对短板、结合实际，制定科学的林下经济发展规划，做好宣传引导，抓住发展致富机遇，科学选择林下经济经营模式、合理运营，实现特色产业可持续高质量发展。

9 河北省特色产业扶贫问题分析

9.1 产业扶贫基本情况

脱贫攻坚以来,河北省全面落实党中央、国务院和省委省政府脱贫攻坚决策部署,因地制宜确立扶贫产业、完善产业扶贫政策,充分发挥特色产业在扶贫脱贫方面的支撑和引领作用,构建起集多方力量、多种举措有机结合的扶贫格局,实现"四覆盖",即:扶贫产业范围人口全覆盖、产业项目贫困户全覆盖、经营主体和科技服务贫困村全覆盖。在带动河北省特色产业高质量发展的同时,为如期完成脱贫攻坚任务目标奠定了坚实的产业基础。

(1) 协调机构,优化举措,精准实现贫困户产业覆盖

河北省切实履行全省产业扶贫牵头责任和农业产业扶贫主体责任,牵头建立省级特色产业精准扶贫工作部门协调推进机制,成立产业扶贫指挥部指导各市县成立专班,制定省县 1+62 产业扶贫规划,出台提升产业扶贫质量水平三年行动等 46 个政策指导文件。5 年来,农业农村系统累计投入贫困县省级以上财政支农资金 324.82 亿元,全省扶贫小额信贷累计发放 384.4 亿元,研发扶贫类保险产品 80 余个,提供保险保障 11 800 多亿元,支持产业发展用地 20.2 万亩,建立了覆盖 99.5 万建档立卡贫困户的产业扶贫数据统计系统。形成贫困户、未脱贫户、脱贫不稳定户、边缘易致贫户、易地扶贫搬迁贫困户五个任务清单,建立了产业扶贫项目、科技服务、带贫主体、产销衔接等四项重点工作台账,确保实现贫困户产业全覆盖。截至目前,累计带动全省 321.4 万贫困人口参与产业、分享收益、脱益增收。特别是2020 年,各级各部门继续建立和完善到村到户扶贫产业清单台账,健全"一县一特、一村一品"产业体系,产业扶贫项目贫困户二重覆盖率达89%,比 2019 年提高 25 个百分点,剩余 34 万贫困人口达到产业项目两重覆盖并实现全部脱贫，97万防贫对象全部落实产业帮扶措施。2020年建档立卡贫困户人均产业收入5 341元，同比增长35.3%，为决战决胜脱贫攻坚、全面建成小康社会提供了有力支撑。

(2) 突出特色，调优结构，融合打造高质量农业产业

河北省以"四个农业"为引领，加快推进贫困地区农业产业结构调整，调减高耗低效低质作物200万亩，重点发展增收广、带贫强的蔬菜、中药材、杂粮杂豆、水果和肉牛等"五种四养"农业特色产业。指导每个贫困县确定1～3个特色带贫优势产业，62个贫困县重点培育农业特色扶贫产业140个，7 746个贫困村培育优势品种11 786个，形成"一县一特、一村一品"布局，重点建设7个国家级、45个省级特色农产品优势区，建成太行山燕山百里苹果、冀南太行山百里中药材、平原百万亩沙地梨等3个产业带，打造了越夏食用菌、梨两个国家级产业集群。饶阳34万亩设施果菜、平泉3.5亿棒香菇、巨鹿10万亩金银花等，规模水平均居全国第一，在全国市场具有定价权。全力推进贫困地区一二三产业融合发展，创建扶贫产业园629个、省级现代农业园区96个、产业强镇16个，年销售额10亿元农产品加工集群达到20个。

(3) 部分特色产业情况介绍

杂粮产业扶贫情况：产业发展带动了河北省农村经济发展、民生改善。近几年来，河北省深入推进农业结构的调整、升级，省内涌现出一批具有特色、发展潜力大的产业，杂粮产业在这种背景下，凭借其在自然资源和地域特色方面的独特优势脱颖而出。如位于河北北部的丰宁县依托传统杂粮产业优势，引导和扶持龙头企业，创新出"一单两保三零"模式，连块成片，连片成区，至2020年累计打造出42万亩规模的杂粮产业扶贫基地，直接带动6 023户贫困户稳定增收，有效打通了瓶颈制约，为决胜脱贫奠定了坚实基础，目前正在打造谷子、燕麦等杂粮从种植环节经过加工最后销售的全产业链，初步形成了由大园区、大带动发展格局，促进全面脱贫与乡村振兴的衔接转换；蔚县以小米为代表的杂粮等特色产业，对脱贫有重要作用，覆盖95%的有劳动能力的建档立卡贫困户；尚义县燕麦产业化联合体，覆盖面广，实现对全县五个乡镇的三十一个贫困村全覆盖，等等。杂粮产业可持续发展与精准扶贫工作同安排、同部署，推动河北省脱贫工作的有序进行，全面推进乡村振兴。

中药材产业扶贫情况：全省 62 个贫困县有 43 个县把中药材作为扶贫主导产业，2020 年种植面积达到 45 万亩，占全省总面积的 35%。全省依托中药材产业带动 2 万多户贫困户脱贫，贫困人口年均增收 800 元。例如，以砂薄地为主的巨鹿县有 110 个村种植金银花，面积达到 6.6 万亩，年产 9 900 吨，居全国第一，2020 年产值达到 13 亿元，占全县农业总产值的 40%，每亩纯收入达 6 000 元以上。承德市的四个县隆化、丰宁、滦平、围场，开发了"政府＋经营主体＋贫困户"的扶贫模式，以入股农户分股金、劳务雇工获薪金、流转土地获租金等增收方式开展中药材产业扶贫；滦平县下营子村，开发了"政府＋金融机构＋经营主体＋贫困户"的扶贫模式，贫困户通过"政银企户保"资金和政府扶贫资金向中药材经营主体入股获得股金，流转土地获得租金，发展农家乐获得现金、在基地务工获得薪金，贫困户依托中药材产业获得多种形式收入，稳定脱贫。

蔬菜产业扶贫情况：做好产业扶贫工作有助于打赢脱贫攻坚战，推进乡村振兴。蔬菜产业具有投资少、收益稳定、吸纳劳动力强的特点，很多地区把蔬菜产业作为扶贫的首选产业，在脱贫攻坚中发挥重要作用。例如蔬菜产业作为定兴县的主要扶贫产业，到 2020 年底，累计带动 1 560 人实现脱贫；阳原县西城镇朱家庄村，通过设施茄子、黄瓜、番茄等蔬菜种植，全村人均收入达 1 700 元，每户收入达 4 000 元，蔬菜产业总收入达 38.5 万元，当年实现全员脱贫。赤城县龙扒石村通过发展一年二作设施架豆，亩收入达 1.1 万～2.1 万元，带动 19 户、42 人实现脱贫。在蔬菜产业扶贫中，新型农业经营主体起到重要的引领作用。例如，鸡泽万亩红辣椒专业合作社帮助贫困群众进行土地流转，亩均土地资产收益 1 000 元，订单保护价比市场价高 0.1 元，平均每亩增加 450 元左右的收入，在企业务工的贫困人口平均每人每月工资 1 800 元，通过激励贫困群众入股政策，每年可得 500 元左右分红，实现了稳生产、促销售、增分红、提收益的"四重"好效果；石家庄兴峪农业科技发展有限公司 2020 年利用扶贫项目资金 510 万元，建设 30 个高标准温室大棚，辐射带动周围地区 510 户贫困户，年底平均分配给每户 600 元左右分红，并且通过产业发展带动贫困劳动力 80 余人再就业，每年每人增加至少 2 万元收入。

9.2 特色农业产业在产业扶贫及乡村产业振兴中存在的问题及原因分析

9.2.1 产业扶贫中存在的问题

(1) 部分参与产业扶贫的对象内在驱动力不够

部分人员在产业扶贫上缺乏内在驱动力。一是部分村镇对产业扶贫认知不够，总觉得依靠产业扶贫时间太长、见效又太慢，还要应对市场营销等众多风险挑战，在发展扶贫产业上缩手缩脚、患得患失。二是部分人员对政策理解不到位。虽然村镇对各种扶贫政策进行了宣传，广大扶贫干部也亲临农户家中进行讲解，但宣传效果不够明显，原因是许多贫困户文化水平不高，不能深刻理解扶贫政策，对产业扶贫怀有抵触情绪，落实产业脱贫存在一定难度。三是部分人员思想比较落后，观念比较保守，等着吃国家救济，等着别人帮助，主动想事干事的较少。部分人员缺乏资源，思维相对狭隘，仅靠自己发展有困难，导致部分人员满足于现有条件，进取心不足。部分人员担心产业扶贫形不成规模，无法增加收入。有些人员目光比较短浅，目的是拿到产业扶贫资金，而不是发展产业。

(2) 部分产业扶贫计划与实际不符，发展缺乏连续性

实地调研发现，许多地方农业产业没有突出的特色，与周边的县市差异性小，在特色农业产业筹划上，调研不够，定位不准，缺乏深度和广度，主要表现在：没有形成一定的产业规模，产业趋同性强，重复开发项目，产业持续性不足，延展性不够强，抗风险能力弱等问题。本地区缺少扶贫带头企业，典型示范效果不明显，传、帮、带作用不够强。有些合作社或企业由于方法单一，经营多样性不足，在自然灾害或周期性风险到来时，容易造成大范围损失。

(3) 部分扶贫产业利益驱动力不足

对部分扶贫产业过于乐观，风险管控意识不强，市场预见性不足，市场调研不够充分，导致销售产品积压、降价等问题，致使投资产业利润不高。一是特色产业没有形成特色优势。部分扶贫产业特色不足，没有形成差异化，缺乏必要的垄断性，只能参与大众市场竞争，获得较低的平均利润，收益率低，无法有效调动贫困户的积极性。二是扶贫产业资金创收效益不够。扶贫资金关键在于创收效益，增加贫困人员的收入，提升贫困人员的生活质量，但目前来看本地区在扶贫产业上收入不断增加且比较稳定的项目少，扶贫资金创收效益不够高。三是部分地区扶贫产业差异化不够，扶贫效果不够明显。扶贫项目必须做到有的放矢，针对扶贫对象实际情况区别对待，而不能搞一刀切，这样才能真正依靠扶贫产业解决贫困问题，而在实践中，有的地方仍然存在大而化之、一刀切现象，挫伤了部分贫困户的积极性。

(4) 扶贫目的难以真正达成

当前，我国产业扶贫项目多数采用企业加贫困户的方式，这种方式并不是单纯的以利益为导向的市场营销方式，在这种扶贫方式下，政府将会给企业许多优惠政策和部分优质资源，目的是让企业与贫困户连带捆绑，让企业对贫困户负责，帮助贫困户脱贫，实力雄厚的企业不缺乏资金和资源，因此对连带捆绑模式兴趣不高，内驱力不足；而实力薄弱的企业为获得国家的资金补偿、优惠政策，往往积极性比较高，但带动能力不足。这一客观现实的存在，导致特色产业扶贫的主要目的难以真正达成。

9.2.2 产业扶贫中存在问题的原因分析

(1) 产业扶贫实际效果与最初设想存在差距

产业扶贫的最初设想是政府给予优惠政策和资金支持，企业创办特色扶贫产业，让贫困户参与到企业的生产和管理中，贫困户通过参与生产和经营管理，不断提升能力、拓展思维、开阔眼界，提升格局，最终让贫困户具备未来自主发展的能力，也就是实现贫困户的可持续发展和增收，防止返贫。而笔者在调查中发现，产业扶贫的实际效果与最初设想存在着不小的差距。实际情况是，虽然大多数贫困户参加了合作社，但是，参与的方式多数局限于分红的方式，通过分红增加贫困户收入，而贫困户自身的能力没有得到提高，依旧缺乏未来自主发展的能力。合作社加农户的这种产业扶贫模式，其投资资金大部分来源于政府，对政府的依赖性强。笔者在调查中同时发现，许多地区帮助贫困户脱贫致富的信贷资金没有真正落到实处，真正帮助贫困户自己发展产业，而是以其他方式转给企业使用，贫困户实际上没有参加企业的生产经营，只是获得了分红收益。仅靠分红收益，贫困户虽然也能脱贫，但没有从根本上解决贫困户自身能力发展的问题。另外，贫困户贫困的原因多数是因为没有发展的条件，而企业通过占用政府专项资金，变相占用了帮助贫困户发展的资金。上述状况，导致产业扶贫实际效果与最初设想存在差距。

（2）实施产业扶贫的方法手段比较单一，没有做到因人而异

通过调查发现，合作社加农户的产业扶贫方式优点在于产业经营容易形成规模，产品往往具有竞争优势，资金使用效率高，人员便于集中管理，贫困户大多靠分红或提供劳务来获得收入。这种扶贫方式的缺点在于，集中统一经营忽略了贫困户之间的差异化特征，贫困人员致贫的因素很多，如疾病、缺少劳力、缺少技术、缺少资金等，目前这种产业扶贫的方法不能满足部分贫困户的要求，部分贫困户的才能得不到有效发挥。例如针对因病致贫和缺少劳动人员的贫困户采取的产业扶贫方法相同，产业扶贫的方法手段比较单一，没有做到因人而异的精准扶贫。依靠规模和集中统一的方式进行经营还存在另外一大弊端，即增加了产品销售端的难度，从实践角度来看，贫困户一般位于偏远地区，依靠贫困人员自我销售产品是一大难题，而当前产业扶贫侧重生产端，对销售端重视程度不够，集中统一经营方式与市场联系较为紧密，产品价格易受市场的影响，风险性较大，容易导致产品积压、销路不畅。

（3）扶贫产业项目缺乏自下而上的调研，导致贫困户内在动力不足

通过调查发现，扶贫产业实际操作过程中，一般首先由政府制定相关政策，而后根据当地实际，预设产业项目，对产业项目的预设采取从上到下的方式，由政府单独制定，这种方式缺乏自下而上的调研，不足之处在于无法真正了解下情，即无法真正了解导致贫困的原因、贫困户的内心诉求，导致两张皮——上紧下松，夹生饭——上热下冷，导致贫困户内在动力不足，被动接受参加扶贫产业，无法真正调动贫困户的积极性。

（4）扶贫产业项目抗风险能力弱

合作社加农户的方式，具有以下几个特点：一是产业项目多是种植业和养殖业，稳定性和持续性不强，易受自然因素和市场价格上下波动的影响；二是合作社缺乏实力和能力，示范作用不强，产业项目缺乏多样性，分红方式无法提升贫困户的技能，导致贫困户未来发展能力不足；三是目前合作社经营方式还不够科学；四是扶贫产业保险机制还不够健全。上述特点决定了扶贫产业项目抗风险能力还比较弱。

9.3 特色产业扶贫优化对策

开发式扶贫通过开发当地资源，使贫困户能够自身具备脱贫能力，而不是一味地靠救济，这种扶贫模式才是帮助贫困户摆脱贫困、确保脱贫长效化的主要路径。产业扶贫是开发式扶贫的关键点，产业扶贫是富民之本。但通过以上部分分析特色产业扶贫现状发现，产业扶贫中尚存一些影响扶贫效果的突出问题。这些问题不仅在河北省存在，在其他省份乃至全国乡村产业振兴发展过程中都可能具有一定的普遍性。应通过建立健全产业扶贫中的机制体系、实施产业扶贫中的分类帮扶措施、加强产业扶贫中的载体培育与建设、拓展产业扶贫中的贫困户增收模式和完善产业扶贫中的风险防范机制等方面，进一步健全中部地区县域产业扶贫长效机制，注重脱贫效果的持续性，不能只顾短期脱贫，要实现贫困户可持续发展与稳定脱贫。

9.3.1 建立健全产业扶贫中的机制体系

(1) 加强基层组织建设

为帮助贫困户谋脱贫出路、策致富之计，扫清群众脱贫致富路上的绊脚石，需充分发挥农村基层组织、村党支部委员会和村民委员会的带头作用，充分调动致富能人、党员干部、各类人才扩大特色产业规模的积极性。为帮助贫困村、贫困户脱离贫困、增加收入，需驻村第一书记落实脱贫工作、发挥领导作用，加强与部门、行业、企业的联系，争取扶贫项目和资金。促进集体资源聚集，通过将集体等资源投资入股到合作社等经营主体中的方式来进一步激发闲置集体资源的活力，发挥其作用，为贫困村产业发展奠定基础，壮大集体经济。通过"资金变股金"，将财政资金在合法范围内作为集体的股金投入到经营主体中，或"农民变股东"，农民将自己拥有的承包经营权等入股到经营主体的方式，为贫困户的生产生活提供保障，形成集体经济壮大与贫困户增收联结纽带，以产业扶贫的显著成效推动乡村振兴和全面小康目标的实现。

（2）建立信息共享机制

干部在推进产业精准扶贫中肩负引导和服务的重要职责，本着尊重农民主体地位为原则，去掉自身官本位，发挥见识广、信息多、素质高的优势，切实做好信息服务工作，帮助农民及时准确地掌握有关气象变化、农资供应、方针政策及市场预测等信息，使其能够根据市场变化及时调整种植结构和面积。在扶贫过程中存在持续稳定脱贫工作效果不佳，大多脱贫仅是短时间内。因此应该因地制宜、因人施策地帮助贫困户选择经济效益高、发展前景好的产业。促进扶贫产业与贫困户深度利益联结，动员贫困户要真实参与到扶贫产业生产、管理、加工等环节。

（3）充分发挥行业部门和社会力量的帮扶作用

积极发挥行业部门在扶贫工作中的引领作用。不同部门要加强合作，互相配合，统一工作标准。在帮扶过程中，各行业部门应指导帮扶工作按照上级政策顺利开展，督促各地有针对性地帮扶，提高帮扶的效率，确保各项政策举措落实到位。贫困地区基础设施建设落后，在产业发展、医疗、教育等多方面都存在严重问题。除了发挥政府的统筹作用外，还要积极号召社会各界共同参与。首先，企业要积极承担社会责任，充分发挥其在资金、技术等方面的优势。其次，鼓励推动社会各阶层人士开展扶贫活动。最后，积极引导激励在外发展的优秀人才返乡创业发展，助力脱贫攻坚，助推贫困村经济发展。

（4）建立公平、高效保障机制

根据扶贫工作需求，建设好"三支队伍"（各级领导干部队伍、专业人才队伍、专业合作社队伍）。依法对项目发展过程中常出现的"合同实施、信息引导、资金管理、利益分享、矛盾纠纷"等问题及时进行调节，充分明确各方的责任权利关系，紧跟项目实施过程，保障贫困户、企业的合法权益。上下齐心协力、不搞特殊化、主动担当、资源优化共享、协调发展，控制好风险，务实推进产业扶贫政策。

（5）加强思想教育，转变贫困群众思想观念

贫困群众大多存在脱贫致富意识不强、脱贫积极性不足、生活懒散和缺乏闯劲的问题。而贫困群众最终需要通过勤恳劳作来实现脱贫致富。因此摆脱贫困首先要摆脱精神、意识的贫困，突出"思想扶贫"，通过加强典型示范、思想教育、扶贫政策宣讲、技能指导等活动，坚定贫困群众脱贫的信心，提高其脱贫积极性。首先帮助他们摆脱思想上的贫困，才能进而摆脱物质贫困。教育引导贫困群众怀揣感恩之心、相信党、跟党走。可采取以下措施：首先是采取帮扶干部与贫困户结对的方式，精准帮扶贫困户，结对小组内应该加强交流，最好是当面交流而非电话等形式的交流，了解其生活中存在的困难，才能够具有针对性地帮助其摆脱贫困、寻找致富路径。其次在帮扶机制上，"授之以鱼不如授之以渔"，不能一味地帮助困难户，应通过技能培训、财政奖补等形式激发困难户积极性，帮助其自力更生、主动寻找脱贫出路。最后是通过强化政策宣讲增强其致富信心；通过加强贫困户文化教育培训，以及产业扶贫政策和符合当地特色的农林产品开发宣传，使其增长见识、拓展思维，不断提高贫困户脱贫致富的实践能力。

9.3.2　实施产业扶贫中的分类帮扶措施

不同类型贫困户，对产业化扶贫意愿与诉求不同，如按同一标准实施，可能导致产业扶贫措施与贫困户自身需求不一致、产业化扶贫项目要求与贫困户自身条件存在偏差，结果达不到预期效果。为此，需精准把握贫困户的类型，分类施策，提高贫困户对帮扶的参与度。具体来说：

（1）某些贫困户无产业发展意愿，但具有一定生产活动的能力

针对这类贫困户可以采取就业带动模式，贫困家庭劳动力在帮扶企业内就业，使其通过劳动获得报酬。加大对贫困户的培训，提高贫困群众的知识储备和就业技能等能力，使其能够掌握发展现代农业所需的技能，在以后的生产活动中可以熟练使用这些技能，提高效率。通过职业培训，让贫困人员有一技傍身，使其能顺利就业和创业。尤其应将这类贫困户作为产业扶贫的重点对象，加强培训引导，鼓励支持其学习掌握就业技能，并能够熟练运用到生产活动中，促进产业增收。

（2）某些贫困户有一定发展意愿，但无生产活动的能力

针对这类贫困户可采取合作共赢模式进行帮扶。尽可能纳入到产业扶贫政策中来，帮助其自力更生。对已脱贫的贫困户，继续给予产业帮扶，确保稳定脱贫。如股份合作共赢模式，贫困户通过使资源变资产、资金变股金、农户变股东，进而享受红利；金融合作共赢模式，贫困户以获得金融支持资金与龙头企业（合作社）合作，按一定比例收取返还收益。

(3) 某些贫困户同时具有产业发展意愿和生产活动的能力

针对这类贫困户可以通过"返租倒包""领养领种"等模式将其产业发展意愿提升为主动参与产业发展动力。保底收益加上按股分红的模式，不仅能够使贫困户获得保底收益金，还使其额外获得了分红收益，在这种模式下，贫困户参与产业生产、发展的积极性得到激发。订单帮扶模式考虑到贫困户自身能力与视野的相对不足，对产业的选择存在一定困难，因此由政府因地制宜、因人施策地列出针对该贫困户的可供其选择的多个扶贫项目，再由贫困户自主选择产业项目。同时，政府对帮扶项目给予政策支持、资金补贴、技术与市场指导等。

(4) 某些贫困户既无产业发展意愿又无生产活动的能力

这类贫困户问题较为复杂，脱贫也相对困难。针对这类贫困户应采取相应的帮扶模式，使上述类型贫困户也能从产业扶贫中获益。一是可采取产业托管模式，政府利用产业扶贫资金帮助购置产业发展资产（牲畜、机械设备）来由企业（合作社）托管，托管企业与贫困户按产生收益的一定比例进行分配；二是可积极探索资产收益扶贫模式。

9.3.3　加强产业扶贫中的载体培育与建设

(1) 夯实产业扶贫基础

提升产业扶贫效果的核心在于巩固产业主体、经营主体、销售主体培育与建设等产业扶贫基础。产业扶贫，首先是产业要有一定竞争力。因而产业主体培育与建设，需在产业上深挖特色。要立足当地资源，通过特色化、差异化发展，集中打造系列品牌产业、品牌产品，同时也可避免当前普遍存在的邻近地区产业发展同质现象；立足特色，通过与二三产融合，以特色产品为基础衍生新产品，进而延伸产业链；立足特色，从市场角度拓宽产品边界，根据各区域优势，开发适宜当地种植的小众特色农产品。

(2) 选准扶贫产业

产业扶贫，选准的产业需要经营好，才能有效带动贫困户发展增收。越是贫困地区，越是缺少有实力的经营主体，这也是当前一些贫困地区容易形成"弱＋弱＋弱"产业扶贫局面重要原因，这主要指的是产业、龙头企业、贫困户能力都很弱，难以带动当地发展，扶贫效果不好。为此，要破除以上局面，加强产业经营主体培育与建设，需要理顺政府、产业经营主体、贫困户之间的利益联结机制，避免政府与经营主体互不信任的格局，即经营主体担心扶持政策变化，政府担心经营主体动机不纯（套取国家扶贫资源）。一方面，政府用好扶贫政策，为吸引、壮大经营主体创造好的环境。包括加强基础设施、公共服务建设；用好扶贫资源对经营主体的激励作用，如土地、税收、财政资金、信贷资金等。另一方面，要设计政策制度，将对经营主体激励政策反向作用于贫困户对产业扶贫的参与和受益，进而将经营主体与贫困户紧密捆绑连接成有机整体。如政府可发挥扶贫资源财政资金、金融支持政策等的引导功能，设定贫困户参与产业发展和受益标准，使贫困户能够真实有效地受益，并基于此明确"经营主体"责任，让其承担起相应的脱贫责任和义务，真正起到带动贫困户的功能；设定准入条件还可将实力不强的经营主体排除在外，吸纳真正有实力的经营主体参与产业扶贫中。

(3) 建设产业扶贫载体

目前产业扶贫工作中，最大的薄弱点就是对贫困户销售帮扶，而贫困户参与产业发展最大的问题又是市场和销售，资金、技术等问题相对不那么棘手。针对贫困户销售难题，首先可以借助当地企业的力量，培育一批影响力大的龙头企业，引导其与贫困户利益同享、风险共担。其次可以探索"平台＋农户"模式加强销售主体建设，平台除基础的信息服务功能外，还具有组织农产品资料供应、收购等功能，实现产业扶贫中农产品产、供、销一体化。"平台"打造，可通过政府引导支持，由有实力的"经营主体"功能延伸形成，如龙头企业、合作社等，也可由有实力的销售企业（如电商平台）形成。

(4) 拓展扶贫产业链

对自然条件或是人文景观可以发展旅游业的贫困村，帮扶可以从开发当地特色农产品，发展旅游产业入手，开发当地特色自然或人文景观，建设旅游基础设施，发展乡村特色旅游，带动贫困户收入增加。针对各村不同地域优势，发展适合各村的特色产业，通过产品加工厂对初始农产品进行深加工，产业链向深加工延伸，提高农产品额外价值，获得更大的经济效益。可以借助企业的力量，企业应积极承担社会责任，发挥企业在资金等方面的优势，通过在当地建设农产品加工基地等，增强农产品集散能力，帮助其拓宽销售渠道，解决销售难题。各村应注重品牌建设，树立品牌意识，将扶贫产品打造成优质品牌。

9.3.4　拓展产业扶贫中的贫困户增收模式

（1）要实施产业扶贫，就需要每个贫困地区立足当地产业发展现状，建立新型特色农业经营主体与贫困户基本联结模式，带动贫困户脱贫增收。从这个基本模式可以看出，特色产业是拓展产业扶贫中贫困户增收模式中的基础，利益联结机制的设计与完善是关键，带动贫困户可持续性发展是根本目标。要着重解决以上三个问题，确保基本模式带动贫困户增收，走稳定的可持续脱贫之路。

（2）产业扶贫要做到精准扶贫、精准脱贫，要精准落实到每一个"点"，严格按照"一村一策，一户一策，一人一策"的标准，努力做到脱贫工作靠准，点对点，户对户，要对贫困户落实合适的帮扶方案。做好扶贫工作发展特色产业是关键，脱贫工作依靠的特色产业要具备市场广泛、带动能力强、长期稳定的特点。认真仔细考察贫困地区产业现状与特征、新型农业经营主体完备状况，选择匹配的组织模式，搭建良好的利益联结链条，最终才能为贫困户增收。对于其中的利益联结链条，重点工作是完善扶贫资源条件的投入与运行机制，要使扶贫资源的所有权清晰明了，给予扶贫资源的经营权足够宽松自由的空间，扶贫资源的收益权受到保障，扶贫资源的监督工作要扎扎实实的落到实处，新型农业经营主体与贫困户的利益要相一致，在之后的发展中二者要有机融合，成为利益共同体。如此，一方面，在遵循"四权"基础上，贫困地区可结合自身实际，积极探索并丰富拓展贫困户增收模式；另一方面，"四权"明晰落实，确保让贫困户在产业发展中实在受益的同时，最大程度降低风险。贫困户在产业化扶贫中实实在在受益、在产业化扶贫参与过程中风险最小，也激发了贫困户参与产业扶贫内生动力，使贫困户在产业化扶贫中真正变被动为主动，进而将产业带动贫困户持续发展落到实处。

9.3.5 完善产业扶贫中的风险防范机制

(1) 落实贫困户在产业扶贫中的利益保护制度，化解贫困户参与产业扶贫的风险

具体来说：第一，制订参与扶贫企业的准入条件。在产业扶贫过程中，建立企业、合作社等参与产业扶贫的准入制度，培育一批实力强劲、经验丰富、对社会民众抱有强烈责任感的中坚企业或组织，只有这样的组织才能真正起到产业扶贫的带头作用；有了带头企业，接下来就应在中间引导企业与组织之间签署合作条约，明确两者的利益联结关系，保护贫困户的合法权益，如果企业有危害贫困户利益的行为，一并纳入企业失信名单并予以一定惩罚措施。第二，实行贫困户农产品价格保护制度。各贫困地区要结合当地实际情况，凡是产业扶贫牵涉的农产品都要拟订一个保护价格，制订保护价格的意义是当市场价比保护价低时，政府不仅可以选择对贫困户发放补贴的方式，还可以选择通过制订激励性政策，鼓励扶贫企业和贫困户签约最低价收购合同。这样，保护价格就是产业扶贫中保护贫困户的最后一道屏障。

(2) 把好产业风险评估关

不仅是外在环境中的自然方面、政策方面、市场方面，还包括内部条件中的技术方面，基于评估结果，事先对贫困户参与产业扶贫项目的潜在收益、前景与风险向贫困户说清楚，以便更好地引导贫困户基于自身条件、能力、需求等选择合适参与的产业扶贫项目，做到精准帮扶。如此，一方面可以改变产业扶贫过程中，政府主导较多，对产业发展风险和农户意愿与诉求尊重不够的现象；另一方面可以减少贫困户盲从行为同时，一旦出现产业扶贫效果不是很乐观，贫困户有怨言，找政府闹，要求政府要加以补偿的现象。

(3) 完善产业扶贫中的风险补偿和分担机制

除了政府部门设立产业扶贫风险基金分担外，尤其要发挥保险在扶贫开发中的积极作用。各地结合当地实际，应尽可能将相应的脱贫产业纳入政策性保险范围，特别要积极开展有地方特色的农产品保险，以保险为自然灾害与市场价波动到来的风险"兜底"。深化金融工具、信贷措施在产业扶贫过程中发挥的作用，多措并举必须保证用于扶贫工作中的中小额金融信贷产品发挥有利作用。"防贫保"政策是国家财政部门与保险公司共同推出的一项保险措施，要确保在扶贫工作中充分发挥作用，筑牢"两类人员"返贫、致贫防线，全力做到阻断因灾返贫、致贫。

（4）进一步完善农村基础设施，保障产业正常发展

一是坚持科学规划，合理布局。遵循"群众协商、合理布局，注重效益"的原则，科学制定中长期农村基础设施建设规划，加大力度处理阻碍农村经济发展的难点难处，农村发展与农民的增收全都受到道路交通、生活饮水、耕作灌溉等方面一系列的制约，所以重点是解决好这些农村基础设施建设工作的问题。二是坚持有为而治，规范项目管理。农村基础设施项目建设严把工程资金、安全、质量、进度关，坚持"业主建设、建管合一、先建后补"的原则，提高建设质量和使用效益，确保质量标准监督常态化。三是坚持建管并重，提升基础设施的作用效益。不断摸索构造一套不仅符合市场要求又满足农村需求的设施管理保护方法，确定由谁来管护、管护资金怎样落实以及谁来承担管护责任，不拘泥于选择村委会社区管护、专业协会或专业合作社管护，或者市场管护，要使权力与责任清晰透明、管束治理形成规范、管护日常固定成一种、参与主体也要扩展到社会各阶层。

10 | 河北省特色产业集群发展展望

　　特色产业集群是各地结合自身资源和优势产业，逐渐在一定地域范围内形成的同一价值链上不同企业集聚的现象，这些特色产业集群凭借其"专、精、特、新"的优势，无论是在对国民生产总值的贡献上还是在缓解当地就业压力，辐射带动区域经济的发展上，都发挥着重要作用，成为当今我国区域经济发展的有力支撑。农业农村部办公厅、财政部办公厅联合下发关于开展优势特色产业集群建设的通知，旨在贯彻落实乡村振兴战略和 2020 年中央 1 号文件精神，农业农村部、财政部决定 2020 年启动优势特色产业集群建设，分批支持建设优势特色产业集群，首批支持 50 个左右，支持期限暂定为 2020—2022 年。这是我国首次启动相关建设，其目标是支持建成一批年产值超过 100 亿元的优势特色产业，推动产业形态由"小特产"升级为"大产业"，空间布局由"平面分布"转型为"集群发展"，主体关系由"同质竞争"转变为"合作共赢"，形成结构合理、链条完整的优势特色产业集群，使之成为实施乡村振兴战略农业转型发展的新亮点和产业融合发展的新载体。

10.1　河北省特色产业集群发展基本情况

　　总体上看，产业集群的快速发展壮大已经成为推动河北省各地经济发展的主要模式，特色产业集群成为推动河北经济社会发展的重要力量，是未来区域经济高质量发展的重大支撑。如依托传统的优势产业，结合现代技术条件兴起的素有"药都"之称的安国药业集群，以当地自然资源为基础，充分发挥资源优势的产业集群有全国优质小麦生产基地——隆尧的隆尧方便食品产业集群等。首先，特色产业集群以其地域限制的基本形式，对文化领域具有相对独特的传承性，如怀来县葡萄酒产业集群，随历史演变而形成的社会文化，是促进当地大量中小型企业利用产业集群形式，得以稳定存在和发展的重要因素。与此同时，产业集群当中不同成员的强烈的文化传承使命感，可极大促进成员之间的互联协作，巩固集群在快速发展的前提下得以传承。其次，产业集群的聚集特性明显，其主要原因是与产业集群所涉及的地方性政策有关。如沧州市在发展沧州金丝小枣产业、冬枣产业等特色产业集群的过程中，企业在地理位置上的集合，极大地促进了聚集经济的衍生，同时其地理位置紧邻北京与天津，占据重要交通枢纽位置，且物流产业繁荣兴盛，对沧州市经济发展起到重要推动作用。最后，特色产业集群成员企业在协作方面分工明确、专业化程度高，并以专业性、特色性的市场需求为依托，构建特色产品产业链，长期以来形成了产业集群的特色化发展模式和部分特色主行业。如迁西县栗业产业集群在协作和分工的双重促进下，使企业内部成员联系紧密度不断提高，其中最为普遍的是以价值链为基础而产生的上下游关系，此类关系不但大幅缩减了成员企业之间的供给成本和采购成本，还为信息决定生产力背景下的信息交流互通提供了有利条件。

2020年国家公布的首批支持50个建设优势特色产业集群名单中，河北越夏食用菌产业集群和鸭梨产业集群上榜。其中，全国越夏香菇集中产区在河北省境内燕山、太行山地区，食用菌产业作为河北的优势特色产业，已经成为部分地区乡村振兴的优势产业和农民脱贫致富的支柱产业。河北越夏食用菌产业集群将倾力打造形成全国最大的越夏香菇生产基地、全国一流的工厂化食用菌生产示范基地、全国领先的食用菌加工基地；河北省是梨生产的第一大省，拥有全国规模最大的冷库群，总贮果量占全国的1/3。河北梨产量占世界的1/7、占全国的1/5。河北鸭梨素有"一亩园十亩田"之称，高效梨园亩均效益超过1.5万元，梨树真正成了产区农民的摇钱树。河北省将晋州、辛集、泊头等10个产梨大县列为重点，集中建设百万亩"河北省优势特色梨产业集群"。到2022年，集群内梨面积和产量将分别稳定在100万亩、250万吨。

10.2 河北省特色产业集群发展现状及问题分析

河北特殊的地理位置和气候环境，孕育了丰富多彩的特色农业，并在此基础上形成了部分具有一定规模的产业集群，产、供、销一体的产业形态已经初步形成。但受传统思想观念中一些保守、消极因素的影响，特色农业产业在发展方向和配套制度上存在某些问题，这是河北和全国其他地区农业产业上的共性，主要表现在：产业集群多数依托具有某种特点的地理环境，或者依靠互联网等方法形成聚集，这些方式属于产业集群聚集的初级阶段，往往规模较小、集中度低、结构不完备、相关上下游产业联结比较松散、部分生产要素在投入制度上不够完备，围绕市场的配套服务跟不上，特色农业产业集群需要深入探索和逐步完善。

（1）产业集群比较初级，导致特色农业产业效果、收益达不到预期

当前，河北许多农业产业集群较为初级，集中度较低，用于农业的物力、财力、人力等各种物质要素的使用效率较低，通过竞争产生的优势不足。河北泰州芋头等特色产业集群多数停留在初级加工阶段，产业加工延展性不足，加工深度不够，产品收益较低，集中度不高，和我国其他经济发展较好的省份比较，特色农业产业效果和收益都落在后面，处于初级阶段的特色产业集群，自身的潜能不能很好地发挥，也不能增加更多的社会性效益。

（2）产业集群没有形成有机统一体，相关产业发展潜力没有得到有效发挥

当前，河北省农业产业集群架构还不够合理，集群内上游、中游、下游相互关联的企业没有形成有机统一体，内部关联对象之间的互动依旧按照传统买卖的松散联结方式，没有形成你中有我、我中有你、荣辱与共的利益联结，导致产业集群内各企业生产效率不够高，成本降低比较困难，无法有效增加收入，相关产业发展潜力得不到有效发挥。缺乏规模和内在的有机统一，导致企业各自为政，无法创立自己的优势品牌，无法确保产出品质量上乘，与国内外相似企业相比，没有竞争优势。

（3）要素投入机制不健全，市场服务体系不完善

目前，河北省特色产业集群在发展过程中，投入的劳动力、资本、技术和信息等要素的结构关系和运行方式不健全，金融、保险、咨询和生活等服务体系不完善，发展相对落后，农业产业集群处于低级阶段，集群尚未形成有机统一体，集群优势带来的成本降低，效益增加的催化作用没有体现。农业产业本身效益和附加值比较低，对相关企业和配套服务业缺乏吸引力，甚至有些企业在农业生产上获得收益后转而投向收益更高的行业。另外，政府对农业的投入缺乏整体思维和长远规划，导致劳动力、资本、技术等要素不能合理配置和使用，农业集群无法向更高的阶段发展，无法充分发挥集群的优势，农业增收增效不明显。经过调查发现，河北围绕农业发展的资金扶持机构数量少、规模小，对于农业项目资金的支持力度不够。农业产业的效益低，无法吸引更多的组织和机构加入农业发展的道路上来，导致配套项目建设不完备，无法形成良性循环，从而进一步推动农业产业集群的发展。

（4）农村网络销售理念、方式和策略比较落后，有待进一步提高

随着阿里巴巴、京东等网络销售平台的建立，网络销售已经成为产品重要的销售渠道，它以其方便、快捷、质优价廉的特点深受广大消费者的喜爱，已经从城市逐渐扩展到农村，与其他省份相似，河北各地市通过互联网进行网上销售也做得风生水起，以蔚州贡米、辛集皇冠梨为代表的特色农业产品，通过互联网走向全中国，甚至销往国外，催生了一批农业产业集群，带动了当地的经济发展。但同时也应该看到，农村网络销售理念、方式和策略还停留在初级水平，主要表现为：作坊式经营、销售手段单一落后、产品创造性不足、服务意识不强，不利于产业集群的形成和发展。另外，产业集群处于初级阶段、规模小、没有形成统一的有机整体，劳动力、技术、资金等要素投入不合理、不规范，相关服务保障不到位，农村网络销售比较落后等一系列问题同样制约着河北省特色产业进一步发展。

10.3　河北省特色产业集群发展对策

河北地理环境得天独厚，自然资源丰富，造就了河北农业的多样性，形成了特色杂粮、特色中药材、特色蔬菜、特色水果等特色农业产业，创造了蔚县贡米、巨鹿金银花、易县磨盘柿、玉田包尖白菜等一批知名度较高的农产品品牌。随着乡村振兴战略的深入推进，逐步实现农业现代化成为摆在河北面前的首要任务，农业现代化的根本标志之一是实现产业的高度集群化，而目前河北农业产业集群还处于初级阶段，主要体现在集群规模较小、集群内企业联系不紧密，上游、中游、下游产业不够完备，集群效益不高等特点。河北需要做好尝试建设特色现代农业产业集群的工作，依托河北资源多样性的优势，围绕东南、西北和沿海地区农业突出特点，创建具有鲜明特点、一定规模、产供销和配套服务于一体、产品质量好且附加值高、比较优势明显的有机统一和生态良好的农业产业集群，逐步实现河北农业强省，农民过上美好幸福生活，农村美丽，生态环境良好，适宜人居住的目标。

（1）大力扶持龙头企业

大力扶持代表本地区农业特色的龙头企业，着重培养和发展一批新的产业龙头企业。特色农业产业集群是围绕着龙头企业构建的，龙头企业是集群的中心，也是集群特色所在，必须大力扶持代表本地区农业特色的龙头企业，挖掘潜力，融入高科技，做大、做强、做优，树立标杆和典范，为农户发挥好引导和示范作用，同时，要结合实际，整合资源，创新思维，着眼未来集群的构建，培养一批新产业龙头企业。各地区还要不断摸索龙头企业强强联合的方式，通过合法手段，组建大型或超大型集团企业，为未来产业集群建设奠定基础。针对农产品普遍存在加工的深度和广度不够的问题，着力培养加工行业的龙头企业，从横向和纵向两个方向延展农产品加工的链条。政府还要依托一些非营利性的民间机构和关键企业，做好集群内企业的沟通、配合、协调工作。通过扶持、培养龙头企业，实现龙头企业的战略合作，上下游企业的协作分工，推动产业集群向高级阶段发展。

（2）从加工的广度和深度进行延伸，提高本地区特色农产品的相对竞争力

目前，河北农业产业集群处于初级阶段，产业链比较短，主要体现在农产品加工的广度和深度上，农产品加工较为简单，加工深度不够，产品比较单一，加工的广度不够，没有形成多样化，由于作坊式经营理念的影响，导致加工标准不统一。河北省应该立足于本地区特色农业产业，例如蔚州贡米等享誉全国的品牌，借鉴国内外先进的生产经营理念，整合本地区的资源，集中力量发展特色农业产业集群，带动其他农业产业的发展，实现龙头牵引，其他农业企业相辅相成、齐头并进的良好局面。既要实现产品的多样化，也要通过整合统一标准规范，进一步提高产业集群效能的发挥。同时鼓励农业企业多借鉴其他省市或国外的加工经验，引进先进的加工配套产品，积极拓展农产品加工的深度和广度，延长加工的链条。通过上述方法，提高本地区特色农产品的相对竞争能力，增加产品加工的收益。

(3) 建立现代农产品流通网络

农产品流通环节介于生产和消费之间，既关系农业生产的进程，也影响农业生产者的收入。现代农产品流通网络是现代农业产业集群的组成部分，是实现集群目标的重要环节。河北省要围绕建立现代农产品流通网络框架，重点从交易方式的选择、流通主体的培养、交易平台的建设、产品品牌的创造上下功夫。一是根据不同地区特色农业产业的特点和规模，设立一个或多个同类产品集中交易市场，例如蔚县、藁城杂粮交易市场，黄骅高粱交易市场，本着走出去的战略，通过政策扶持和财政税收优惠，鼓励个人和组织在省外或国外建立特色农产品销售中心和销售网络。二是对参与流通活动的个人和组织进行专业培训、引进专业人才进行典型引导和示范，建立一支专业化的产品销售队伍，提高流通环节的效率，加快集群生产的进程。三是实施引进战略，吸引阿里巴巴、京东和拼多多等大型电商平台进驻河北，辐射农村地区，同时打造属于自己品牌的电商平台，畅通农产品线上销售的渠道，销售的时效，推动产业集群的规模化发展。四是创造新的优势品牌产品，在保持原有优势品牌的基础上，依托当地的人文地理、风土人情、产品特性，创造新的优势品牌产品，发挥优势品牌产品在销售中的作用。

(4) 完善农业服务网络体系

农业服务网络为农业提供社会化服务，是生产经营中必不可少的组成部分，推进农业现代化发展，对服务保障体系和相关的产业提出了更高的要求，河北在农业服务保障上要向专业化、市场化方向，全方位发展。一是设立专门的服务保障机构，培养专业服务保障人员，制定专业的服务保障政策、规章制度。二是做到时时有服务、事事有服务、处处有服务，形成产、供、销一条龙服务局面，涵盖政府、农村合作组织和大中专院校等服务体系，形式有产业规划服务，产品包装、销售、贮藏、运输、设计、创意和广告服务，研发服务，从事流通环节的企事业单位和个人的培训等服务项目。三是推动农业服务向市场化发展，逐步实现社会服务从无偿向有偿方式的转换，调动服务企业或个人的积极性，为农业集群产业发展提供更优质、高效的服务。四是探索和实践农村合作组织的运营方式，教育引导广大个体农户走合作经营的道路，通过资源整合、规模经营、品牌引领，科技创新，提高产品产量和质量，降低成本，增加收益，同时让农户参与合作社的经营和管理，提升农户的能力，为集群发展积蓄后备力量，合作经营的方式，体现了农户和企业责、权、利的一致性，是当前较好的服务模式。

（5）实现地区特色农业产业的持续发展

南橘北枳，这一现象充分说明了自然资源、气候因素和地理环境对特色农业产业的形成起着决定性作用。河北拥有得天独厚的地理条件和丰富多样的自然资源，这是河北特色农业产业形成的基础，必须合理使用和有效保护。一是建立地方农业种质基因库，确保种质在若干年后仍然具有原有的遗传特点，同时划分特色农业保护区域和特色农产品特殊地块的保护，通过"三保险"手段，保护本地区的特色农业产业。二是保护好特色农业产区的生态环境，按照高效、清洁、绿色、环保和可持续的发展理念，科学规划、科学管理，合理使用资源，保护好产区的生态环境。三是做好农产品污染防治工作，减少农药化肥的使用，增加农家有机肥的使用，对薄膜、秸秆等进行无公害处理和利用。通过上述措施，有效保护和合理使用自然资源，提高资源的利用率，实现地区特色农业产业的持续发展，为产业集群向更高阶段发展奠定基础。

参考文献 REFERENCES //////////

安静.2021.河北特色产业展迈进新阶段［J］.中国会展（01）：57.

本刊编辑,2020.2020 年全国优势特色产业集群建设 12 个果业集群入选［J］.西北园艺
　　（果树）（03）：10.

陈鹏.2021."旅游＋"多产业融合发展路径研究：以红河州为例［J］.大理大学学报,
　　6（03）：48－53.

陈燕武,李育恒.2021.福建省农业产业链变迁及其优化［J］.华侨大学学报（哲学社会
　　科学版）（01）：76－88.

程文亮.2020.基于创新驱动的传统特色产业小城镇产业转型升级探析［J］.商业经济研
　　究（23）：173－177.

大卫·李嘉图.2002.政治经济学及赋税原理［M］.北京：商务印书馆.

戴宾,杨建.2003.特色产业的内涵及其特征［J］.农村经济（08）：1－3.

党齐飏.2021.做好乡村产业"特、品、融、新"大文章［J］.当代广西（06）：18－19.

董海荣,刘萌,等.2020.现代农业发展背景下河北省杂粮产业发展现状及对策［J］.河
　　北农业大学学报（社会科学版）,22（4）：49－54.

范林红.2021.河北昌黎：葡萄特色产业养"富"一方人［J］.中国农资（06）：7.

傅春荣.2021.以特色产业培育优质企业［N］.中华工商时报,2021－07－12（002）.

高园园.2020.邯郸 Q 县特色农产品市场营销模式研究［D］.河北工程大学.

郭言歌.2020."三区三州"农业特色产业发展困境与对策［J］.北方民族大学学报
　　（05）：13－19.

韩苗.2020.特色农业小镇视角下乡村旅游与食用菌产业融合发展［J］.中国食用菌,39
　　（03）：138－140.

郝大钊,张俊鹏.推动产业发展基础与功能链条双升级［N］.张家口日报,2021－03－
　　30（005）.

胡俊文.2004.国际产业转移的理论依据及变化趋势：对国际产业转移过程中比较优势
　　动态变化规律的探讨［J］.国际经贸探索（03）：15－19.

胡世录.2020.基于金融支持的特色农业产业化发展困境与对策［J］.农业经济（07）：
　　96－98.

胡永佳.2007.从分工角度看产业融合的实质［J］.理论前沿（08）：30－31.

冀农宣 .2019. 我省重点发展 7 大类特色产业 [J]. 河北农业 (09)：6.

贾建楠，刘妮雅 .2020. 基于特色资源的康养旅游产业融合路径：以河北太行山地区为
例 [J]. 当代旅游，18 (15)：79 - 80.

贾通志 .2020. 金融助力特色小镇建设 [J]. 中国金融 (18)：102.

江丽 .2019. 特色农业发展的制约因素与对策探析：以河南省为例 [J]. 农业经济 (12)：
23 - 24.

姜天龙，舒坤良 .2020. 农村"三产融合"的模式、困境及对策 [J]. 税务与经济 (05)：
57 - 61.

蒋和平，郭超然，蒋黎 .2020. 乡村振兴背景下我国农业产业的发展思路与政策建议
[J]. 农业经济与管理 (01)：5 - 14.

金红兰，梁雪 .2020. 京津冀协同发展视域下德州农村三产融合发展研究 [J]. 农业经济
(05)：42 - 43.

李从玉，潘旺旺 .2020. 深化农村改革助推乡村振兴：山东省阳信县依托特色优势产业
振兴引领农业农村现代化 [J]. 人民论坛 (34)：72 - 73.

李道忠 .2021. 新疆和硕县：特色产业铺就小康路 [N]. 农民日报，2021 - 08 - 06
(002).

李方圆 .2016. 精准扶贫背景下湖南邵东特色产业集群发展研究 [D]. 中南林业科技
大学 .

李剑 .2021. 云南曲靖发展食用菌特色产业助推乡村经济发展 [J]. 中国食用菌，40
(02)：106 - 109.

李姣媛，覃诚，方向明 .2020. 农村一二三产业融合：农户参与及其增收效应研究 [J].
江西财经大学学报 (05)：103 - 116.

李敏，王桂荣，张新仕，等 .2019. 新形势下农村三产融合的实现路径 [J]. 河北农业科
学，23 (01)：19 - 20，28.

李想，苏耀庭 .2021. 三产融合背景下小岗村休闲农业发展分析 [J]. 中国合作经济
(03)：49 - 51.

李云霞 . 河北县域经济转型升级的策略探讨 [N]. 中国县域经济报，2021 - 01 - 21
(007).

林娜，颜华 .2020. 乡村振兴背景下黑龙江省农民合作社三产融合水平评价及对策研究
[J]. 北方园艺 (22)：144 - 154.

林毅夫 .2012. 新结构经济学 [M]. 北京：北京大学出版社 .

刘明国 .2016. 中国特色最优产业结构理论：兼对若干产业结构理论的批判 [J]. 河北经
贸大学学报，37 (3)：48 - 54.

刘那日苏 .2014. 自然资源开发对经济增长作用的区域差异研究 [D]. 兰州：兰州大学 .

刘宪彬 .2013. 泰来县特色产业发展战略研究 [D]. 石河子：石河子大学 .

刘亚猛 . 2009. 当代西方人文学科的范式转换及中国修辞学的发展模式 [J]. 修辞学习
　　（06）：17 - 22.

刘亚敏 . 2020. 保定市满城区乡村特色农业生鲜水果类产业发展研究 [D]. 保定：河北
　　大学 .

刘振龙 . 2016. 河北省蔬菜生产高效用水综合效益评价 [D]. 石家庄：河北地质大学 .

路光明 . 2014. 潍坊市特色农业发展问题研究 [D]. 济南：山东农业大学 .

吕其琛 . 2019. 河北省农产品品牌发展研究 [D]. 保定：河北农业大学 .

牛文浩 . 2012. 基于生态经济视角的我国农业发展研究 [J]. 中国物价（12）：74 - 77.

彭秀国，张新仕，张旭东，等 . 2019. 河北省山区特色产业开发能力分析与评价 [J]. 广
　　东农业科学，46（06）：157 - 164.

齐士馨，刘宣妤，刘佳怡 . 2021. 融媒体视域下沧州新兴特色产业集群发展路径及对策
　　研究 [J]. 公关世界（04）：27 - 28.

钱水土，周永涛 . 2011. 金融发展、技术进步与产业升级 [J]. 统计研究，28（01）：
　　68 - 74.

乔立娟，王文青，王光辉 . 2016. 京津冀协同发展背景下河北省蔬菜产业竞争力分析
　　[J]. 北方园艺（24）：178 - 181.

权印 . 2019. 特色社会主义循环农业经济发展：评《发展农业循环经济的机制与对策研
　　究》[J]. 中国瓜菜，32（11）：111.

沈正先 . 2019. 河北省提出把中医药打造成亮点特色产业 [J]. 中医药管理杂志，27
　　（04）：221.

宋晓丹，柯小霞 . 2021. 基于特色产业集群导向的食用菌产业发展路径 [J]. 北方园艺
　　（06）：144 - 149.

苏戈，矫江，王冠，等 . 2021. 黑龙江省优势特色农业产业集群的发展建议 [J]. 北方园
　　艺（01）：164 - 167.

孙芳，丁玎，王莹，等 . 2020. 京津冀协同背景下河北省特色农产品优势区建设路径
　　[J]. 河北北方学院学报（社会科学版），36（02）：69 - 73.

孙文娟 . 2011. 中国 R&D 投入结构与经济增长相关分析 [D]. 长沙：中南大学 .

孙元鹏，程正，孙燕玲，等 . 2019. 中药材类中国特色农产品优势区建设研究 [J]. 山东
　　农业科学，51（08）：143 - 149.

谭明交 . 2020. 乡村振兴与中国农村三产融合发展 [J]. 技术经济与管理研究（07）：
　　94 - 98.

唐玉立 . 2017. 科技创新驱动县域特色产业升级 [J]. 中国农村科技（11）：66 - 68.

田逸飘，张卫国 . 2020. 资源禀赋、能力水平与农户参与特色农业经营：基于武陵山区
　　建档贫困户的调查分析 [J]. 西南大学学报（自然科学版），42（11）：109 - 117.

王成敏 . 2019. 长城绿色经济带农村一二三产融合模式研究：以河北省长城沿线部分区

域为例 [J]. 河北地质大学学报, 42 (06): 131-139.

王东平, 郭少博. 2018. 供给侧改革视角下河北省蔬菜产业的发展路径 [J]. 贵州农业科学, 46 (05): 155-160.

王东平. 2019. 河北省桃产业一二三产融合模式研究 [D]. 保定: 河北农业大学.

王佳越, 王建忠, 张玲. 2020. 精准扶贫以来中国农村减贫: 成效、逻辑与未来路径 [J]. 世界农业 (08): 10-19, 29, 140.

王江松. 2012. 劳动哲学. [M]. 北京: 人民出版社.

王娟娟, 杨莎, 张曦. 2020. 我国特色蔬菜产业形势与思考 [J]. 中国蔬菜 (06): 1-5.

王莉红, 池佳伟. 2020. 特色农产品优势区电子商务活动的开展研究: 以河北省为例 [J]. 农业经济 (09): 135-137.

王璐丹. 2021. 河北加强农业科技社会化服务体系建设 [J]. 河北农业 (03): 42.

王天宇. 2020. 论乡村振兴战略背景下特色小镇的培育发展: 基于特色小镇、中小企业与乡村振兴三者契合互动分析 [J]. 河南社会科学, 28 (07): 105-111.

王文长. 2001. 西部特色经济开发 [M]. 北京: 民族出版社.

吴精精, 赵邦宏. 2016. 我国农村一二三产业融合发展研究 [J]. 环渤海经济瞭望 (07): 48-50.

夏柱智. 2020. 中国特色农业产业化的村庄基础分析: 以专业村为研究对象 [J]. 贵州社会科学 (10): 163-168.

谢素军, 贺田露. 2014. 范式理论: 关于科学发展模式问题的哲学思辨 [J]. 濮阳职业技术学院学报, 27 (06): 40-42.

胥留德. 2002. 论特色产业 [J]. 昆明理工大学学报 (社会科学版) (03): 18-21.

徐娜, 张鸿飞, 陈静. 2019. 河北县域特色产业跨境电商发展的制约因素研究 [J]. 河北能源职业技术学院学报, 19 (02): 47-49, 52.

许华卿. 2020. 三产融合助脱贫 [J]. 红旗文稿 (17): 11-12.

闫海龙. 2016. 新常态背景下欠发达区域特色产业发展研究: 以新疆为例 [J]. 商业经济研究 (15): 211-213.

杨华. 2020. 打造食用菌特色旅游小镇推动产业多元化转型 [J]. 中国食用菌, 39 (06): 196-198.

杨利民. 2013. 中国扎兰屯特色产业发展研究 [D]. 北京: 中央民族大学.

杨秀美. 2021. 围绕产业发展谋划特色项目: 以天津市河北区为例 [J]. 天津经济 (02): 18-20.

叶丽红, 何可, 王瑜洁. 2021. 食用菌产业推动农村三产融合发展的现状分析 [J]. 食药用菌, 29 (02): 89-95.

俞燕. 2015. 新疆特色农产品区域品牌: 形成机理、效应及提升对策研究 [D]. 武汉:

华中农业大学.

岳国芳.2020.脱贫攻坚与乡村振兴的衔接机制构建 [J].经济问题（08）：107-113.

岳吉祥，胡琳，郝垠锐.2015.构建区域特色产业集群的科技创新服务体系：以东营市科技创新服务体系试点建设为例 [J].科技与创新（21）：1-4.

曾丽英，陈庆勤.2020.农业特色小镇建设的现状分析及路径优化 [J].农业经济（04）：55-56.

张纪兵，唐剑.2021.发展围场、隆化乡村特色有机产业的五点建议 [N].中国环境报，2021-06-22（003）.

张荣天，陆建飞.2016.江苏县域经济发展差异及空间关联格局分析 [J].南京师大学报（自然科学版），39（04）：92-97.

张瑞桃，李彤，刘贺，等.2019.河北省灵寿县食用菌产业发展现状研究 [J].农村青年（07）：13-14.

张友良，吕灵华.2020.推进湖南特色产业精准扶贫的对策 [J].湖南社会科学（04）：99-103.

张智慧，孙志杰，赵炜中，等.2021.特色产业扶贫模式探究：以河北省保定市阜平县为例 [J].广东蚕业，55（02）：118-119.

赵颐.2019.河北省中药材种植区域比较优势及种植意愿分析 [D].保定：河北农业大学.

郑慧，张紫薇，王英蓉，等.2021.秦皇岛市特色农产品品牌建设策略浅析 [J].南方农业，15（02）：188-189.

周芳.2016.生态经济视角下区域特色优势产业评价 [D].长沙：湖南农业大学.

祝娜，王效岳，白如江.2014.科技创新路径识别研究进展：方法与工具田.图书情报工作（13）：135-137.

Cupertino C M, Coelho R D A, Menezes E A. 2013. Cash flow, earnings, and dividends: a comparison between different valuation methods for Brazilian companies [J]. Economics Bulletin, 33 (5): 315-320.

Derek Hall. 2004. Rural tourism development in southeastern Europe: transition and the search for sustainability [J]. International Journal of Tourism Research, 6 (3): 165-176.

Grant, R. M. 1991. The Resource-Based theory of competitive advantage: Implications for strategy formulation [J]. California Management Review (33): 114-135.

Kavaratzis M. 2005. Place branding: a review of trends and conceptual models [J]. The Marketing Review, 5 (4): 256-259.

Saha M. 2012. State policy, agricultural research and transformation of Indian agriculture with reference to basic food-crops [J]. Pharmacological Research (09): 408.

POSTSCRIPT 后 记

　　第一章至第三章、第五章、第八章、第九章由刘丽执笔，第四章、第六章、第七章由刘丽、董海荣执笔，第十章由张鹏辉、齐静、张冬燕、张菀麟执笔。王建忠教授对研究总体思路设计及研究成果的完善给予了无私的指导和帮助，胡建、桑振、刘畅等老师承担了有关研究数据的搜集工作，张鹏辉、齐静、张冬燕、张菀麟等师生参与了有关数据整理及数据分析，此外，硕士研究生卢亚妹、孙蕊、黄志乔、董祎垚、张伊菲、张雅琦、张晨等在数据调研、整理分析、报告撰写等多方面也投入了大量的工作，最后刘丽、董海荣审阅了全部书稿并做了修改完善。在此一并向上述团队和人员表示感谢！

　　本书为河北农业大学作者刘丽等承担的河北省社科基金项目部分成果（河北省特色农产品优势产业发展研究：HB18GL050），有关研究还得到了河北省杂粮杂豆、中药材、蔬菜等多个现代农业产业技术体系产业创新团队、河北农业大学林学学科群科研项目（河北省林业创新发展研究）的大力支持，再次表示感谢！

　　特色农业产业发展是现代农业发展以及推动乡村振兴的重要组成部分，有关研究我们还有很多不足和需要改进的方面，恳请大家批评指正。